每天进步一点点

邵学良◎编著

中国纺织出版社有限公司

内容提要

世界上没有一蹴而就的成功，也没有随随便便就能实现的人生目标，所以每个人都要坚持进步，哪怕只是每天进步一点点，也能积少成多，让人生进步一大步。

本书从心理学的角度出发，从生活与工作的各个方面着眼，告诉人们如何努力，才能以点滴之力聚沙成塔，收获人生的幸福圆满。尤其是当内心犹豫不定的时候，阅读本书更能够起到安定心神的作用，让人从容不迫地应对人生。

图书在版编目（CIP）数据

每天进步一点点 / 邵学良编著. --北京：中国纺织出版社有限公司，2020.1

ISBN 978-7-5180-6884-5

Ⅰ.①每… Ⅱ.①邵… Ⅲ.①成功心理—通俗读物 Ⅳ.①B848.4-49

中国版本图书馆CIP数据核字（2019）第236844号

责任编辑：李　杨　　责任校对：楼旭红　　责任印制：储志伟

中国纺织出版社有限公司出版发行

地址：北京市朝阳区百子湾东里A407号楼　邮政编码：100124

销售电话：010-67004422　传真：010-87155801

http://www.c-textilep.com

中国纺织出版社天猫旗舰店

官方微博http://weibo.com/2119887771

北京市密东印刷有限公司印刷　各地新华书店经销

2020年1月第1版第1次印刷

开本：880×1230　1/32　印张：6.5

字数：168千字　定价：39.80元

前言

人生是一场没有归途的旅程，在这场旅途中，有的人步履匆匆，又或者因为走了捷径，很快就到达了人生的目的地。蓦然回首，才发现自己一生匆匆忙忙，还没有来得及认真欣赏沿途的风景呢。还有的人走得实在太慢，看到蝴蝶去追蝴蝶，看到兔子去追兔子，就像是“小猫钓鱼”中贪玩的小猫一样，总是情不自禁分心，导致人生也止步不前。

人有巅峰，所以人们才仰望群山；海深不可测，因而人们对于海也怀着敬畏之心。一个人如果不但平凡，还很平庸，没有任何出色的地方，那么他们就会平淡无奇，无法吸引他人的眼球。而偏偏每个人心底都希望自己获得成功，也希望人生能够在更美好的感情中有所表现。实际上，就算是万里长征也要从脚下开始走起，与其被动地随着命运的旋涡四处颠簸，不如最大限度地打开心扉，让自己宽容地接纳即将开始的漫长征程，也让自己在人生之中拥有更出色且优秀的表现。

人生如逆水行舟，不进则退。现实生活中，很多人以为原地不动就是真的不动，实际上却在不知不觉中退步了。没有任何人能改变事物发展的规律，更没有任何人能真正改变人生。

人生就像爬楼梯，必须不断地努力向上，一步一个脚印，一步一个台阶，才能稳扎稳打，不断前进。

说起进步，很多人的第一反应一定是关于学习的，也有人还会想到在学校里接受系统教育。其实，现代社会提倡终身学习，每个人在离开校园之后才算是真正开始了学习的历程。与此同时，还要把学习定义得更宽泛，要知道学习不仅仅是死读书或者读死书，更要渗透到生活的各个方面。不仅知识、技能要学习，与人相处、搞好人际关系，同样要学习。每天坚持进步一点点，就像在英语学习中每天坚持记忆几个单词一样，也许短期内看不出来明显的效果，但是随着时间的推移，效果必然越来越好。所以坚持进步，对于每个人都至关重要。

古人云，不积跬步，无以至千里，不积小流，无以成江海。罗马不是一天建成的，人不可能一口吃成胖子。在人生的道路上踯躅前行，每个人都必须坚持不懈、持之以恒，才能以点点滴滴的进步收获人生，也才能以绝不懈怠的决心主宰人生！记住，今日的目标就是你明日的人生，在设立目标之后，还要制订切实可行的计划，才能按部就班坚持努力，也才能让人生有与众不同的精彩呈现！

编著者

2019年10月

目录

第1章

人生如逆水行舟，必须每天向前一步

人生如逆水行舟，不进则退，要想避免退步，每个人都应该坚持进步，越是在艰难的处境里，越是要不断地努力向前，才能让人生充实而有精彩，也才能最终奔向人生的目的地。每天进步一点点，看起来进步是微不足道的，然而聚沙成塔，只要坚持不懈，最终就会有质的飞跃。

原地不动，是最大的退步

命运总是公平的，看起来截然不同的命运，实际上是为了考验人们对待生命的态度。即使在同样的命运面前，因为每个人保持的态度不同，所以也会有不同的人生归途。常言道，人生不如意十之八九，没有任何人能够一帆风顺度过一生，最重要的是在人生的风雨泥泞中，永远不要停下前进的脚步，一定要继续向前，才能拨开迷雾，见到希望的光明。

正如人们常说的，生命如同逆水行舟，这就意味着原地不动是最大的退步。曾经有人说，相比起时代发展的速度，每个人的阅读量已经不足以保持与时俱进，唯有加大力度学习，才能真正跟上时代的脚步，避免被时代淘汰的厄运。从这个角度而言，与时俱进绝不是一件简单的事情，也许要付出很多，极其努力，才能勉强在时代的洪流中保持静止的态势。

作为一名成功的商人，现在的杰瑞看起来光鲜亮丽，然而只有他自己知道，这一路走来如何磕磕绊绊，又经历了多少辛苦。有一天，杰瑞结束一天的工作，拖着疲惫的身体走到大街上。他的家就在不远处的另一条街道上，是一座不折不扣的豪宅，杰瑞对于自己如今拥有的一切很满足。

走着走着，杰瑞遇到一位盲人，这个盲人衣衫褴褛、瘦骨嶙峋，似乎很多天都没有好好吃饭了。杰瑞动了恻隐之心，从口袋里掏出一张百元大钞递给盲人，盲人摸到钞票显然大吃一惊，又趁机说起自己的悲惨人生，想要继续感动杰瑞。盲人告诉杰瑞，他是个健康的年轻人，因为20多年前的一场火灾，才变成今天的样子。杰瑞看着盲人似曾相识的面庞，一根肋骨开始隐隐作痛，他有些愤愤地说："原来是你，20多年前，就是你踩着我的后背逃出了火场。"盲人听出杰瑞的声音，惊讶地喊道："我跑出去了，瞎了。你没有跑出去，却生活得这么好。"杰瑞说："我也受伤了，但是我没有像你一样乞讨，而是选择自力更生。"

和盲人相比，杰瑞当年的境遇更糟糕，被踩断了肋骨，还险些失去性命。但是他没有自我放逐，而是在坚强地活下来之后努力地生活，一点一滴积累人生的财富和经验，最终成功地战胜自我，改变命运，取得了让人羡慕的成就。

同样的遭遇发生在不同的人身上，会有不同的结果，只因为每个人对于命运的态度和做法截然不同。与其被动地等待命运的安排，不如拼尽全力与命运抗争，这样才能真正地主宰人生，也才能最大限度地创造生命的奇迹。正如一句网红语所说的，世界以痛吻我，我却回报以歌。面对命运的青睐或者惨痛的折磨，每个人都要鼓起勇气，坚韧不拔，勇敢向前，才能主宰和驾驭命运。

选择决定人生

很多人因为自己并非出身于富贵之家，所以非常沮丧，总觉得自己哪怕再怎么努力，也无法达到他人的高度，甚至因此而放弃努力。有人说，人的命，天注定；也有人说，我们的命是可以由自己决定的。因为在不停选择的过程中，人生的轨迹会悄然改变。

从大概率的角度而言，命运不能决定人生，出身也不能决定前途。每个人唯有鼓起勇气，奋发向前，才能最大限度地把握命运，也才能拼尽全力主宰命运。如果任由自己在人生的海面上随波逐流，只会前途茫然，不知所踪。

在法国柯西嘉，有一个贵族家庭已经渐渐没落，拿破仑就出生在这个家庭中。父亲把所有的希望都寄托在拿破仑身上，还集中所有的力量把拿破仑送入贵族学校，只为了让拿破仑长大之后能够出人头地，重振家族雄风。面对周围那些有权有势的贵族同学，拿破仑总是遭到嘲笑，但是他并没有因此而放弃努力，反而更加鼓起勇气，发誓一定要成为这些同学中的佼佼者。拿破仑发愤苦读，不理会任何的嘲笑和轻视，最终在贵族学校中出类拔萃，毕业时更是取得了全校第一的好成绩。

来到军队之后，拿破仑不像那些同伴一样蒙混过日，但是因为不合群，很快遭到排挤。孤独苦闷的拿破仑把所有的时间和精力都用于读书，努力提升和完善自己，最终在机会到来的时候一鸣惊人，一飞冲天。

翻开历史的篇章，细心的人会发现，大多数有所成就者以及伟大的人物，都是在各个行业中出类拔萃者。他们也许出身贫苦，但是从不自暴自弃，而是拼尽全力扼住命运的咽喉，努力改变命运。正是因为苦难的淬炼，他们才变得越来越坚强，也才能够在命运的重压之下勇敢地站起来，不断地崛起。

每个人都不应该成为命运的棋子，哪怕生存再艰难，也要始终坚持鼓起勇气，绝不轻易放弃，才能在人生的穷途末路之中找到希望的契机，也以不懈的努力彻底地扭转命运的齿轮。如果以一项体育项目来形容人生，人生其实很像引体向上，每个人都要不断地激励自己奋发向上，才能保持进步的姿态。一个总是对命运轻易屈服的人，是不会结交好运得以改变命运的，唯有在命运的磨难面前勇敢坚定、意念顽强，才能真正突破命运的禁锢，在人生的广阔天地扬帆起航。

突破自我，拓展人生格局

很多人抱怨人生短暂，碌碌无为，殊不知，他们之所以拥有平庸的人生，并非因为命运是不公平的，而是因为在命运的磨砺中，他们被自己的内心禁锢住，无法真正突破自我，拓展人生的格局。

每个人对于人生都有自己的理解，也有独特的憧憬和与众不同的目标。然而，如何能够真正实现人生的愿景，实际上并没有一定之规，正所谓条条大路通罗马，只要是能够到达罗马的道路，就是正确的道路，就是可以选择的道路。所以对于人生的目标，我们也不应该故步自封，更不要自我限制。正如一位伟人曾经说过的，不管是黑猫还是白猫，只要能抓住老鼠就是好猫。同样的道理，人生的路千万条，生活的方式也多种多样，只要能实现人生目的，就是好的方式。总而言之，人不能固守于内心，而是要想方设法突破自我，拓展人生格局，才能在人生之中有喜出望外的收获。

70岁那年，胡达·克鲁斯回顾人生时对很多事情都感到满意，唯一的遗憾是没有攀登日本的富士山，从而不能从最好的角度欣赏山下漫山遍野的浪漫樱花。她被这样的遗憾折磨着，不管如何说服自己，都无法忽略这个遗憾。后来，她索性鼓励自己：我既然已经老了，就不应该让人生留下遗憾，也许在未来，我真的能够登上富士山呢！这样想着，胡达·克鲁斯开始学习登山，当人们看到她以古稀之年学习登山技术时，都感到不置可否，还有人认为这个老人根本不可能实现心愿。然而，胡达·克鲁斯不管别人是反对还是支持，她都一如往常，继续以顽强的毅力进行艰苦卓绝的登山训练。

在长期的训练之后，胡达·克鲁斯的体能的确有所增强，为此她一次又一次向富士山发起冲锋，遗憾的是都因各种各样的原因而失败。然而，她毫不气馁，再接再厉。最终，在95岁高龄那年，她成功登上了富士山，成为世界上攀登富士山的人中最高寿的一位。当成功登顶的那一刻，她怀着激动的心情告诉富士山："我来了！"

仅仅是想一想，人们都会觉得以70岁高龄再来学习登山技术，简直不可思议。然而，胡达·克鲁斯不但真正去学，还在95岁高龄的时候，攀登上日思夜想的富士山顶峰。不得不说，胡达·克鲁斯创造了生命的奇迹，也让人们更加相信坚持的力量。

如果在遭到嘲笑之后就放弃，或者在尚未开始的时候就退缩，认为凭着自己的高龄一定无法攀登到顶峰，那么胡达·克鲁斯就不可能创造奇迹，更不可能让人生没有遗憾。可以说，她的成功是因为她没有限制自己，也没有被年龄吓倒。因而才能在人生暮年，全力以赴去做好自己想做的事情，也才能打破自我局限，让人生真正地腾飞。

很多人都觉得人生太平淡无奇，这不是因为命运的偏爱或者薄待，而是因为每个人都对生命的态度截然不同。有的人遇到小小的挫折就退缩甚至放弃，自然一事无成；能够在人生中有所成就的人，都是可以把失败踩在脚下当成阶梯，一级一级拾级而上的。人固然不能狂妄自大，但是也不能自轻自贱，而要在客观认知自己的基础上，努力突破自我，激发自身潜能，才能给自己惊喜，也激励自己创造生命的奇迹。

保持航向，才不会触礁沉没

对于每个人而言，最熟悉的陌生人就是自己，因而坚持自我变得很难，所谓坚持初心，不忘始终，更适合当作一种自我激励的话，让人们在人生道路上不断地奋发向前，矢志不渝。人生就像是四顾茫茫的大海，如果不能保持方向，很容易触礁沉没。对于人生，一定要坚持自己最初的梦想和目标，可以根据航行的情况及时调整，但是不要盲目地改变人生的航道。有过航海经验的朋友都知道，海面上的情况是瞬息万变的，一旦遇到狂风暴雨，就会让航程变得更加困难。所以经验丰富的舵手并不会盲目自信，尽管有着丰富的航海经验，他们依然会随身带着罗盘和指南仪，从而指引自己坚持前进的正确方向。

现代社会物质极大丰富，很多人都面临前所未有的诱惑，也因而在人生中时常感到迷惘。从本质上而言，做人应该坚持原则和底线，尽管人人都有追求金钱名利的权利，但是一味地陷入贪婪的欲望之中，却会让人生万劫不复。因而，对于人生，每个人都要坚定不移，既要灵活变通，也要学会坚守。

作为一名优秀的音乐人，朱丹曾经在音乐上到达了人生的巅峰，然而他被阶段性的胜利冲昏了头脑，渐渐地迷失了自己。他根据音乐上的成就，就盲目推断自己还可以经营游艇、开发农场、经营酒店和餐馆等，为此他盲目转行，好大喜功，开始涉足很多此前非常陌生的领域，整日坐在会议室里与各种各样的人谈论形形色色的生意。渐渐地，他再也没有时间关注音乐，更没有时间继续从事音乐创作。然而，朱丹对于自己的现状很满意，因为他觉得自己已经跻身富豪行列，不但拥有豪车豪宅，甚至还拥有一条汽艇。

然而，在极度奢华之后，朱丹的乌托邦彻底沦陷了，在债权人的不断追债中，他陷入破产的窘境。为了还债，他变卖了一切能变卖的东西，最终身无分文。直到此时，朱丹才恢复理智，想起来自己只是一个会演奏乐器的作曲家而已。这样想来，朱丹重新找回自我，渐渐地回归音乐领域，又变得自信起来。他发现自己在熟悉的领域里，还是堪称优秀的。他重回简单低调的生活，从此之后拒绝和音乐无关的任何项目，而只坚持自己最喜欢和最擅长的音乐。

对于一个人而言，最可怕的不是缺乏自信，而是自信过度，变得狂妄自大。人固然不能妄自菲薄，也不能狂妄自大，否则就会在放大镜中渐渐地迷失，无法看清楚自我。很多人一旦在某个领域取得小小的成绩，马上就会变得骄傲，甚至连自己姓甚名谁都不知道，这是非常危险的行为。

每个人的能力都是有限的，天赋也总是局限在特定的领域，而不可能做到面面俱到，在所有的领域都如鱼得水。正如古人所说，人贵有自知之明，因而每个人都要客观认知和公正评价自己，才能扬长避短、取长补短，最终在生活中有所收获，在事业上取得成功。否则，当头脑被暂时的胜利冲昏，人生也就将变得面目全非。

发展天赋，让人生与众不同

人人都有天赋，但是未必人人都能认识到自己的天赋是什么。这是因为每个人在小时候对于自己的认知总是受到他人的影响，尤其是父母的评价，更是决定了孩子如何定义自己。等到长大成人，成人又为了维持生计而四处奔波，无暇顾及自己感兴趣的或者擅长的事情，如此不知不觉中就埋没了天赋，人生也变得平庸。

没有人愿意自己的人生平淡无奇，既然如此，就应该发展天赋，让人生变得与众不同。必要的时候，作为父母要有意识发现和挖掘孩子的天赋，例如在给孩子报兴趣班时，年幼的孩子根本不知道自己真正喜欢或者擅长什么，父母就要在尝试的过程中认真观察孩子。再如，长大成人之后，每个人也要多多问问自己的内心喜欢什么，观察自己在生活和工作中擅长什么，从而让人生的发展事半功倍。

台湾大名鼎鼎的漫画家朱德庸有很多经典的作品，不但在台湾地区富有影响力，而且在大陆也受到广大读者的欢迎和喜爱。然而，朱德庸并非从小就擅长画画，相反，他的学习成绩很差，是不折不扣的差等生，甚至连最普通的学校都不愿意接收他。有些老师公开指责朱德庸简直太笨了，这直接导致朱德庸在未来很长一段时间内自认为是笨蛋。直到十几年后，朱德庸才明白自己不是笨蛋，而只是因为有学习障碍，所以才在学习方面表现出极大的劣势而已。不过，朱德庸也发现了自身的一个特点，那就是很喜欢图形，不但对图形拥有鉴赏力，而且也乐于拿起画笔创作。很快，朱德庸就把生活的重心调整到绘画中，他在外界受到伤害的心，一旦回到绘画的世界，马上就会变得简单快乐，非常纯净。

因为朱德庸在学习方面奇差无比的表现，父母也受到牵连，经常会被老师叫到学校，耳提面命。尽管如此，父母依然无条件支持朱德庸画画，爸爸还亲自裁剪白纸，为朱德庸订制绘画本。直到若干年后在漫画方面做出了成就，朱德庸才真正释然。一旦提起天赋，他总是感慨万千：“不管是人还是动物，都有自己的天赋。老虎有锋利的牙齿，兔子身形敏捷，狡兔三窟，因而能在残酷的自然环境中生存下来。人也是如此，唯有发现自己的天赋，顺应自己的天性去发展，才能真正得到快乐。而违背天性的选择，只会让人生充满痛苦。”

人人都有天赋，遗憾的是，现实生活中，真正能够发现自身的天赋，并且把天赋发挥得淋漓尽致的人，少之又少。自认为平庸的人，千万不要随意抱怨人生平淡无奇，而要更加积极主动地调整好心态，发掘自身的天赋，激发自身的潜能，才能让人生绽放异彩。

还有些人从小受到父母严格的管教，原本表现出一定的天赋，最终却因为习惯而渐渐地掩盖天赋，变得平庸。由此可见，教育如果不当，不但不能成就孩子的发展，反而会导致孩子的天赋被埋没，也使得孩子遭遇困厄。曾经有位名人说，和教育相比，天性对于人生具有更大的影响力。从这句话不难看出，天性对人的确是至关重要的。一个人要想拥有与众不同的人生，则一定不要忽略天赋，唯有把天赋深入挖掘出来，再加以大力发展，才能让天赋成为人生的助力，给人生加分。

每天都要超越自己一次

人生如果停滞不前，就是最大的退步，尤其是在如今发展快速、瞬息万变的现代社会，每个人要想做到与时俱进，更是要坚持点点滴滴的进步，坚持超越自我。人人都在追求成功的人生，却不知道超越自我只是通往成功的第一步。也许有些朋友会说，超越自我真的很难，因为一个人即使力气再大，也无法把自己举起来。其实，这是陷入超越自我的怪圈，也给超越自我以错误的定义。

超越自我不是要把自己举起来，而是要正确、清晰地认知自己，这样才能客观评价自己，也才能在人生的道路上有更好的发展。实际上，这个世界上既没有一蹴而就的成功，也没有天上掉馅饼的好事，每个人要想进步，都要点点滴滴积累，也要坚持不懈努力，才能积少成多、聚沙成塔，从而以量变引起质变，让人生飞跃。

如何才能超越自己呢？首先，要有积极主动的人生态度，很多人对于人生总是怀着被动的态度，不愿意主动去改变，只想被动地接受和等待。殊不知，人生不是用来等待的，每个人都要成为斗士，向着人生主动出击。其次，人生固然需要远大的理想，但是万丈高楼平地起，任何建筑都要打好坚实的基础，才能拔地而起。就像大树，一定要扎根深稳，才能不被大风刮倒。所以我们既要有远大的理想和志向，更要拥有脚踏实地的精神，才能把美好的人生规划落到实处，也才能让人生变得卓尔不凡。再次，超越自己要在精神上战胜自己的局限，这样才能让人生拥有开阔的天地。对于任何人而言，快乐的心境都是收获幸福的前提条件，也许物质上的享受能让人获得一时的满足，但唯有精神上的富足才能支撑起单薄的人生。最后，对于改变自己，一定要满怀信心。很多人的人生之所以平淡无奇，是因为他们不管做什么事情，都会在开始之前就否定自己，总觉得自己这也不行，那也不行，渐渐地就失去了信心，也无法继续扬起生命的风帆奋勇向前。

很多销售行业为了让销售员鼓起信心，总是在早晨开会的时候激励全体员工大喊："我最棒！我最棒！我最棒！"听起来，这话就像是口号那么空洞幼稚，然而当呼喊声真正发自心底，每个销售员都会觉得意气风发、斗志昂扬，似乎心底里的希望之火被熊熊点燃了。朋友们，你们可曾真正地认可自己，发自内心地告诉自己"我是最棒的"。说这句话的时候，一定要带着十足的相信，带着百分百的诚意，带着至高无上的信仰，才能感受到来自内心深处的力量。也许看似形式主义的仪式，就真的能让我们内心喷薄，有着无法抑制的冲动和原始本能的力量。总而言之，一切的改变都从超越自己开始，所有的努力绝不会毫无意义。改变命运，从当下这一刻开始，改变人生的奇迹，也要由每个人亲手去创造。

第2章

惜时光养习惯，坚持成就优秀的自己

时光是组成生命的材料，在时光的悄然流逝中，生命也渐渐远去，正是在时光的不断酝酿中，生命这坛清酒日渐浓厚，最终成为一坛香醇美味的老酒。有人说，性格决定命运；有人说，习惯决定人生。的确，人生的成败荣辱并非由某个简单的因素决定的，大多数人要想在人生之中有所成就，就必须珍惜时光，培养良好的习惯，才能让人生真正蜕变。

每天进步一点点

读书，是让人受益一生的好习惯。当一个人坚持读书，他的身上不但会有浓重的书香气息，也会因为书香的浸润和知识的积累，而变得更加丰盈厚重。犹太人特别喜欢读书，而且尤其重视知识。也曾经有人说，每一个成功者的成功，都可以追溯到他们拿起书本的那一刻。

富兰克林从7岁开始读书，而且很快就读完了父亲书架上所有的书。因为家境贫困，父母没有钱供养富兰克林上学，他12岁就辍学去印刷厂当学徒工。白天，富兰克林辛苦地工作，每当夜晚来临时，他就从在书店当学徒的朋友那里借来书，用心阅读。每天晚上，他都会借书，并在第二天书店开门营业之前把书还回去。正如古人所说，书非借不能读也，富兰克林为了尽快把书读完，只能废寝忘食，点灯熬油。在坚持夜夜苦读之后，富兰克林的知识越来越丰富。他勤奋刻苦的精神感动了很多人，为此，大家都愿意帮助他，不但为他提供书籍，还为他收集蜡烛。

读书并没有让富兰克林盲目骄傲和自大，反而，读书越多，他越意识到自己的知识多么贫瘠，见识多么浅薄。为此与更多朋友在一起交流思想，富兰克林还召集了同样喜欢读书的朋友一起开展读书会，这样一来大家在读了好书或者有了见识之后，就可以彼此分享，从而相互促进，共同成长。

正是因为坚持读书，富兰克林才能在没法接受系统教育的情况下，不断地用知识充实自己的心灵，最终彻底改变命运，成为美国大名鼎鼎的科学家、政治家、外交家等。由此可见，坚持读书能够改变人的命运，也能激发人无限的潜能。

人，不可一日不读书，缺乏书籍的滋养，人的心灵必然是苍白的，也是乏力的。在人生的道路上，每个人都应该有心灵的陪伴和指引，而书籍恰恰是人类精神的食粮，能够滋养人生、指引人生，也给人生提供源源不断的动力。既然成功是从捧起书本的那一刻开始，朋友们，你的手边有书吗？赶紧捧起书，给自己不一样的人生吧！

时间是组成生命的材料

曾经有一位名人说，时间是组成生命的材料。浪费他人的时间，无异于谋财害命，浪费自己的时间，无异于自杀。虽然时间如此重要，在现实生活中，偏偏有很多人会在不知不觉中浪费时间，任由时间在自己身边悄然流逝，也丝毫不觉得可惜。更是有很多人对时间抱着不以为然的态度，觉得反正还年轻，生命是无论怎样挥霍都不足为过的。然而，时间如逝水，流动起来悄无声息，却从来不曾停息。在无声无息中，时间就这样悄然流逝，一去不返。

《明日歌》中写道："明日复明日，明日何其多，我生待明日，万事成蹉跎。"这样的诗句教育人们一定要珍惜时间，而不要觉得人生有无数个明日就随意浪费时间，因为明日并不如我们想象中那么多，也不是取之不竭、用之不完的。有人说知识是财富，有人说年轻是资本，如果在知识上匮乏，尚且可以通过努力学习来弥补，如果失去了青春，则青春的小鸟一去不回来，再怎么懊悔人生也不可能重新来过。所以对于时间，每个人都要发自内心地珍惜，而不要对时间抱着不以为然的态度，更不要任由时间悄然流逝。

鲁迅从小就非常聪明，而且很勤奋。从12岁开始，鲁迅来到三味书屋，跟随寿镜吾老先生学习。13岁那年，鲁迅家道中落，他的祖父锒铛入狱，他的父亲也患上重病，长期卧床。为了给父亲治病，鲁迅经常要把家里的东西拿去当铺当掉，换钱给父亲买药吃。有一次，鲁迅跑完当铺再去买药，等赶到三味书屋时已经迟到了，为此被老师严厉批评。鲁迅没有为自己辩解，而是一声不吭回到座位，在书桌上刻下了一个"早"字。从此之后，尽管父亲的病越来越重，鲁迅更加频繁地跑当铺、去药店，但是他却再也没有迟到过。

在那段艰难的日子里，每当气喘吁吁地及时赶到学校，鲁迅都会感到非常欣慰，也觉得自己能够遵守时间，信守诺言，是做人的成功。直到父亲去世后，鲁迅还在三味书屋继续学习，也继续保持着珍惜时间的好习惯。鲁迅曾说，时间就像海绵里的水，只要愿意挤，总还是有的。

时间就是生命，也是金钱，在不同的人眼中，时间都可以变换成最重要的、千金不换的东西，因而每个人都要珍惜时间，也要利用好生命中最宝贵的材料，构建生命的高楼大厦。一个人如果不能把握时间，就会白白浪费青春年华，导致人生变得空虚，也使人生毫无收获。

正如古人所说的，少小不努力，老大徒伤悲。每个人都要把握青春年华，才能为人生奠定良好的基础，从而让人生厚积薄发，有美好的未来。当然，这一切的前提条件都是珍惜时间、把握生命，否则等到生命悄然流逝，哪里还有机会去实现伟大梦想和远大志向呢！

培养好习惯，距离成功更近

良好的习惯就像人生的导航灯，能够让人生在迷惘的时候依然坚持正确的方向。如果没有好习惯的指引，坏习惯很容易趁虚而入，导致人生因此变得不堪。所以每个人都应该努力培养自身的好习惯，才能不断地艰难跋涉，向着成功前行。好习惯才有助于我们完成艰巨的任务，让我们哪怕遇到坎坷，也能够循着惯性，继续前进。

每当看到成功的人，或者好运的人，人们总是习惯于认为他们命好，所以才能轻轻松松得到成功的青睐。其实不然。命运对于每个人都是公平的，即使为一个人关上一扇门，也会再为这个人打开一扇窗，所以不管是面对顺境还是逆境，只有拥有好习惯的人，才能持续发力，奋勇向前，距离成功越来越近。

刚刚从农村出来的时候，他是个不折不扣的土包子，不但浑身上下充满了土气，而且人看起来也呆头呆脑的。因为没有学历，他找不到更好的工作，只能在一家饭店里当零杂工。每天早晨，他都早早地去饭店后厨开始忙活，只要采购车一到，他就以最快的速度把所有的菜品都打点好。这样一来，等到饭店开始运营，他就可以腾出时间跟在大厨身边，给大厨帮忙，与此同时自己也能偷师学艺。有了他的帮助，大厨感觉轻松多了，所以未免多教他几招。如此几年过去，他的手艺渐长，不再当零杂工，而是成为大厨的徒弟，也负责炒一些家常菜。在此期间，当初和他一起进入饭店打杂的小伙伴都已经离开了，但是他一直坚持着，哪怕工资少一点、工作累一点，他也无怨无悔。又是几年过去，他终于学成出师，凭着手艺开了一家小吃店，把生意做得越来越好，口碑也渐渐传了出去。

就这样，又是一个10年过去，他已经拥有好几家连锁大饭店，经济财力也不可同日而语。然而，他依然保持着当初初入饭店当零杂工时的习惯，每天早早地起床，打理好一天的菜品，然后在厨师炒菜的时候跟在一边看着。在他勤勤勉勉的经营之下，几家饭店都生意火爆，而他一手培养的徒弟也都成了各家饭店的掌勺大厨。

在这个事例中，主人公的命好吗，他有过人天赋吗？答案都是否定的。他只是一个天资平平的普通人，只是因为勤奋，才为自己争取到偷师学艺的机会，也才一步一步成就了今日的自己。

好习惯让人受益一生，人生之中的很多事情之间都有着微妙的联系。例如，事例中的主人公如果不是因为当初当学徒的时候养成了勤奋刻苦的习惯，那么后来也许就不能把事业做得很大。所以说，没有任何一段人生是白白经历的，面对逆境，每个人都要坚持下去，努力养成好习惯，才能摆脱困境，让人生受益无穷。

小错误也会导致大祸患

现实生活中，有些人的性格大大咧咧，不管做什么事情都是一副满不在乎的模样，而有些人则恰恰相反，他们就像契诃夫笔下的套中人，想方设法保证自己的任何选择都是正确的，生怕自己犯下一点小错误。面对一个错误，也许前者觉得不值一提，后者却感受到了巨大的震慑力，并变得焦虑不安，生怕小错误招致大祸患。到底谁的人生态度更正确呢？不管是过于马虎大意，还是过于小心谨慎，都是不可取的，对于人生，一定要采取恰到好处的态度，适当地放松自己，适时地约束自己，从而才能张弛有度，既不因为凡事都满不在乎而犯错，也不因为凡事都斤斤计较而焦虑不安。

从本质上而言，千里之堤，溃于蚁穴。尽管有些错误看似不起眼，也在短时间内不会导致严重的后果，但是随着时间的推移，这些错误最终会不断积累，由量变引起质变，给人生带来不必要的麻烦。有些人轻视小错误，是因为没有意识到小错误也会引起严重后果，而有些人则明明知道小错误的后果，却带有侥幸心理，不愿意改变自己。如果是在不知情的情况下犯错还情有可原，明知故犯，甚至眼睁睁地看着小错误酿成大错误，则不可原谅。所以面对小错误，明智的朋友会酌情对待，绝不因为小错误短期内比较安全，就对小错误放任不管。

细心的人会发现，生活的转折点并非出现在关键时刻，而是出现在不起眼的小时点。假如每个人都当好一颗螺丝钉，或者是对于小错误也绝不疏忽懈怠，那么就能避免很多恶性事件的发生。

人生，最怕习惯成自然，因为很多糟糕的事情都是因为习惯才发生得无知无觉，当事人对此根本无法引起足够的警惕。现实生活中，假如人人都能多一些耐心，多一些细致入微，那么就能减少很多不必要的麻烦，也能让人生之路更加畅通无阻。

从哲学的角度而言，世界上的万事万物都是相互联系、彼此制约和影响的。在看待任何问题时，我们都要拥有大局观，坚持长远眼光，否则，总是在一个个小错误上放纵自己，最终会导致错误连成片，也导致事情的发展超出我们的控制范围。记住，只有养成好习惯，才能避免小错误的频繁发生，也才能培养自己认真做人、严谨做事的优秀品质。

发散性思维，让你受益无穷

很多人思考问题时，总是情不自禁地把思维局限在一个点上，或者一条道上，而无法把思维打散，发散开，更无法让思维形成冲击力，这都是思维僵化导致的。常言道，心有多大，舞台就有多大，实际上，心的大小是由思维决定的，如果思路开阔，人生也会变得海阔天空，而如果人生总是局限于一隅，则人生也会受到禁锢，无法真正铺展开。

曾经有个笑话，说的是一个乞丐被问及如果突然之间继承了大笔遗产，最想做什么事情。没想到，这个乞丐已经习惯了乞讨，甚至潜意识觉得自己只能继续乞讨，因而回答“我要先为自己换一只讨饭的碗”。这个回答让人捧腹大笑，也引人深思。作为乞丐，最想做的事情难道不是摆脱乞丐的命运，过上正常的生活吗？然而，因为长期以来已经习惯于乞讨，所以乞丐根本无法跳出思维的怪圈，因而选择在继承遗产之后换一只好的碗，继续乞讨。不得不说，在这种思维定式的影响下，乞丐很难真正改变命运。

思维是否开阔，往往决定了人生选择的空间有多大。每个人从呱呱坠地来到这个世界上，都如同一张白纸一样，是很纯净的，脑海中也呈现出空白状态，根本没有固定的思路。这也就是为何幼儿园的孩子面对一个圆圈的极简图形能够给出形形色色的回答，而成年人对此却只能回答是数字或者是字母。很多时候，接受教育固然能让孩子掌握更多的知识，但是也会无形中禁锢孩子的思想，束缚孩子的思维。现代社会越来越提倡开拓创新，在教育孩子的过程中，也应该注意培养孩子的发散性思维，从而才能让孩子拥有开阔的眼界和随意的思想。尤其是在现代职场，一个墨守成规的人很难真正打破思维的局限，所以一定要有意识地打破思维的封闭空间，让思维更生动、更活跃，也更充满活力。

18世纪之后，尽管社会化进程大大推进，但是科学研究工作依然停留在最原始的阶段。19世纪末，爱迪生致力于研究电力，却因为电力与技术、机械和化学等领域都有着密不可分的关系，所以研究工作时常陷入困境。为了让研究工作顺利进展，1876年，爱迪生发起并建立了工业技术研究所，改变了科学家独立研究、单兵作战的局面。1881年，爱迪生更是组织了100多名科学家联合进行科学研究，成立了世界上首个科学技术研究所。

因为集思广益，爱迪生才会在一生之中完成那么多重大发明，尤其是发明了电灯而给整个人类带来了光明。后来，有人评价爱迪生的发明工厂就如同真正的工厂一样把不同科学家的学识和研究成果汇集到一起，所以才能整合运用，效力无穷。

每个人都是能力有限的，而不可能在各个领域都有杰出的表现。现代社会更提倡分工与合作，在这种情况下，每个人都应该具有螺丝钉精神，把自己变成特殊领域的一颗螺丝钉，从而与他人的力量整合起来，产生巨大的影响力。假如一个人只想当个人英雄，不愿意与他人精诚合作，则会导致自身的力量无限缩小，甚至导致人生一事无成。

每天的清晨和日暮，如果能有片刻休闲，我们都应该扪心自问：我们是否已经打破了思维的局限，成功突破了自己？不管是对于生活还是工作，我们是否真正实现以发散性思维思考问题，也不再拘泥于思想的死胡同之中？古人云，吾日三省吾身，一个人要想在科学研究的道路上有所成就，就必须发挥自己所有的力量，把自己真正融入团队和集体之中，才能打开思维的空间，提升自我的智慧，从而让生活在智慧中闪光，在人生中变得熠熠生辉。

当养成发散性思维的好习惯，你就会发现曾经使你备受困扰的问题，突然之间就迎刃而解，再也不能局限和束缚你了。一个人只有身体的自由是远远不够的，因为身体的自由只是形式上的自由，是形而下的自由，唯有实现心灵的自由，才是真正的自由，才能给人带来更愉悦的生命体验和开阔视角。

专注，才能有所成就

现代社会正处于飞速发展之中，随着经济的飞跃、物质的极大丰富，人心也陷入日益浮躁的怪圈，很多人都变得急功近利，也因为选择太多而变得失去主见，无法在第一时间里就做出最正确的选择。实际上，这都是因为人心不静导致的，真正做大事的人知道，唯有保持内心的平静和纯粹，让自己真正专注起来，才能集中所有的时间和精力，专心致志做好一件事情。

有人觉得人生很长，可以做很多事情，而实际上人生很短，短得一生只够做好一件事，也只够真爱一个人。有些人越来越浮躁，欲望日益增多，因而在极度的欲望之中迷失自我。唯有专注，才能保持生命的淡然。尤其是在人生之中有需要攻克的堡垒时，更需要火力全开，集中火力，才能真正攀登高峰，占领制高点，也才能创造人生的成就。

有心理学家经过研究显示，人与人的天赋其实相差无几，之所以有的人获得成功，有的人总是遭遇失败，就是因为他们面对失败的态度截然不同。失败者一旦遇到小小的挫折就会放弃，而且无法集中所有的精力做好一件事情，而成功者首先非常专注，其次在专注精神的指引下，哪怕遭遇坎坷和磨难，也绝不放弃，勇往直前。在目标的指引下，成功者能始终不忘初心，朝着目标砥砺前进。与成功者截然不同的是，虽然有些人也很专注，但是他们却并不知道人生的目标何在，而是盲目地埋头苦干的，导致虽然付出了很多，却收效甚微，也不能起到最佳的效果。

举世闻名的发明家爱迪生被问及成功的第一要素是什么时，他回答道："大多数人喜欢同时做很多事情，如果他们能够集中所有的时间和精力做好一件事情，他们成功的可能性就会大大提高。"听了爱迪生的话，明智的人一定会恍然大悟，原来专注是获得成功的必备要素，做任何事情都要专心致志，才能有所成就，也才能真正获得成功。

遗憾的是，尽管很多人都知道专注的重要性，也知道专注的力量，但是却因为欲望的驱使而迷惑了心神，根本不能做到完全专注。他们总是与他人攀比，也爱慕虚荣，甚至为了所谓的面子而做自己不想做的事情，导致人生精力涣散，心生不宁，最终就这样庸庸碌碌度过一生，毫无收获和成果。

如今，很多人都提倡极简生活，实际上简单纯粹不仅是对于生活方式的定义，更是对于生活模式的提炼和精简。极简生活不但要把生活的过程精简，而且要把对生活的态度重新定义，也要让生活目标简单单一。

作为21世纪伟大的科学家，爱因斯坦生活上极其简单，一心一意只做学问。居里夫人在得到奖杯之后，却把奖杯给孩子玩，完全淡薄名利，而专心致志做学问，所以才能两次获得诺贝尔奖。古今中外，很多伟大的人物都全心全意致力于科学研究，所以才能取得伟大的成就。

细心的人会发现，仅仅是下楼这件小事情，也必须专心致志才能做好。如果在下楼的时候三心二意，一不小心就会跌落下来，轻则摔伤，重则骨折。因而下楼时一定要小心，不能心里琢磨事情，而要专心一意，绝不疏忽懈怠，才能控制好脚下，保障人身安全。由此可见，人生无小事，对于人生中的每件事情，明智的人都会擦亮眼睛，凝聚心智，绝不因为一时的粗心大意而酿成恶果。

人，要有远大的理想，也要有渊博的学问，还要有高强的能力，更不能缺少专注的精神。专注，能够保证人们发挥出正常的水平，也能帮助人们获得想要的生活。如果对人生三心二意，就不要抱怨命运不公，唯有从自身的需求出发，集中精力完成人生的目标，才能让人生真正抵达目的地。

第3章

有自知有主见，你是自己最大的宝藏

每个人赤条条来到这个世界上，除了拥有父母的爱，还拥有什么？还有健康的生命，还有阳光、空气和水，然而偏偏有些人不知足，总觉得自己拥有得太少。实际上，对于每个人而言，最大的宝藏就是自己，唯有做真实的自己，坚持人生的理想，坚持有主见有自知，才能走出人生的康庄大道。

有主见，成就真实的自己

生活中有这样一种人，他们怀疑自己的能力，总是把所有的希望都寄托在别人身上。一旦别人给了他们小小的希望和光明，他们就会更加依靠他人，而不愿意认真去想一想自己能做什么，更不愿意拼尽全力、依靠自己的力量实现人生的理想。这样的人说得好听是容易轻信他人，说得难听就像狗皮膏药一样总是依附于他人，根本没有独立的主见和意识。他们在对他人的过度信任中，渐渐迷失了自己，再也找不到人生的方向。

众所周知，成功的经验是不可复制的，哪怕是别人刚刚踏上成功的道路，换作我们去做，也未必能与他人抵达一样的终点。这是因为每个人都是世界上独一无二的生命个体，每个人都有自身的情况需要综合考量，而一味地套用他人的成功经验，只会让成功变成经验主义。当然，当那些好心的、热心的人给你出主意时，你又该如何呢？感激涕零固然可以，却不要完全采纳。作为旁观者，哪怕再怎么设身处地也不可能完全理解当事人的感受，所以一定要摆正位置，而不要盲目参与。作为当事人，在得到充满热情的建议时，固然要对提出建议者表示感谢，却不要忘记自己的本心，更要从自身情况出发做出最理智的选择。唯有如此，当事人才能坚持自己的主见，有的放矢采纳他人的意见或者建议，最终做出正确的选择，完美地解决问题。

每个人的身体里都蕴含着巨大的能量，正如一句脍炙人口的广告词所说的，“你的能量，超乎你的想象”。对于生命的力量，有科学家进行过专门的研究。科学家把一个小南瓜用铁丝密密麻麻箍起来，想看看南瓜在成长过程中能够承受多么强大的力量。随着不断的成长，南瓜在实验开始的第一个月就承受了500磅的压力，在第二个月承受了1500磅的压力。后来，当南瓜承受2000磅压力时，研究人员为了避免南瓜撑破铁圈，不得不对铁圈进行加固。最终，南瓜足足承受了5000磅的压力，南瓜皮才破裂了。研究人员打开铁圈，发现南瓜内部充满了坚韧的纤维，正是这些纤维，支撑着脆弱的南瓜变得无比坚强。为了汲取充分的养分与铁圈对抗，南瓜的根部向着四面伸展，最长的根部延伸超过8万英尺。这就是一只南瓜蕴含的生命力量，哪怕外部的环境多么恶劣，南瓜宁愿改变自己的内在，也不愿意轻易屈服。同样的道理，每个人唯有不断地挑战和超越自己，才能变得更加强大，就像野草在恶劣的环境中生存，才能变得更加坚韧不拔，而温室里的花朵尽管看起来美丽，却娇滴滴的，经不起任何风吹雨打。

连一只南瓜都如此努力，作为自然界中万物的灵长，人有什么理由不坚强起来呢！有科学家经过研究发现，大脑的潜力是无穷的，即使像爱因斯坦那样伟大的科学家，也只是开发了10%的大脑能量。由此可见，作为普通人，如果我们能够拼尽全力开发自己的力量，那么一定会变得更强大，更不可战胜。记住，人活着，就要爆发小宇宙的所有能量，才能激发一切潜能，绽放人生精彩。

人贵有自知之明

自信固然重要，但是过度自信却会起到相反的效果，甚至使人狂妄自大，不知道自己姓甚名谁。和极度自卑一样，过度自信对于人生没有任何好处，还会因为莽撞冒进，导致严重的后果。古人说，人贵有自知之明，就是告诫人们一定要客观认知自己，公正评价自己，从而认清楚自己的优势，也要对劣势做到心中明了，这样才能最大限度发挥自身潜能，扬长避短，取长补短，实现人生理想。

在古希腊的宗教中心有一座神庙，神庙上镌刻着一句警戒后人的至理名言——认识你自己。看到这句话，相信很多朋友都会哑然失笑，神庙名声在外，实际上也没有什么玄妙之处呢！谁能不认识自己呢？人人都认识自己。的确，你也许认识自己镜子里看似熟悉的脸，但是你却从未真正洞察过自己的内心。如果倾听内心的声音，你还能说对于那个隐藏在心灵深处的自己非常熟悉吗？

几千年来，西方国家都非常推崇“认识你自己”这句话，甚至将其奉为神谕。著名的哲学家苏格拉底就始终牢记这句话，而且以此鞭策自己谨慎地面对人生，做好学问。时代发展到今天，人类的脚步甚至已经踏入太空，但是对于心灵的净土，依然很难涉足。一个人要想获得成功，要想把握命运，首先要认识自己，才能准确为自己定位，也才能有的放矢开创人生。毫无疑问，一个不认识自己的人是根本不可能获得成功的，因为他们的人生目标不对，人生方向也不够明朗。很多人都知道南辕北辙的故事，也知道如果方向错了，再多有利的条件都会转化为不利条件，甚至对于结果的实现起到完全相反的作用和效果。由此可见，认识自我，准确定位自我，对于人生有多么重要的作用啊！

齐庄公乘车外出游玩，在路上偶遇小小的螳螂。螳螂远远地看到齐庄公的马车来了，就伸出细弱的前臂准备阻挡车子前进，齐庄公很惊讶，不知道螳螂为何不自量力。车夫向齐庄公解释：“螳螂非常狂妄自大，总是喜欢伸出前臂阻挡对手，而根本不知道自己的力量有多大，也意识不到对手有多么强大。

所以，它们最终难逃被车轮碾压的厄运，到死都不知道自己是怎么死的。”

很多人都知道螳臂当车，也知道这个成语用来形容不自量力的人。其实，不仅螳螂不自量力，很多人也缺乏自知之明。细心的人会发现，古今中外，很多伟大的人之所能够有所成就，都是因为他们具有自知之明。

一个人唯有正确认知自己，才能找准自己的位置，也最大限度发挥自身的力量。大文豪巴尔扎克在潜心创作之前，也曾经从事过各种工作，经营过各种生意，但是非但没有获得任何成就，反而导致自己债台高筑，苦不堪言。直到后来发现自己在写作方面的天赋，也真正潜心下来从事写作，才在文坛上立足，也成为杰出的作家。朋友们，一定要认识你自己、反思你自己，才能坚持正确的人生方向，成就卓越不俗的人生。

定位好，人生才能绽放

如果你想买青菜，你也许会在路边老农的摊位上就购买了；如果你想买普通的海鲜，你就会去市场；如果你想买高档的海鲜，那么你就要去专门经营海鲜的海鲜档。为何你会做出如此精准的选择，让自己有的放矢，从而节约时间，提升买菜的效率呢？就是因为你知道卖菜的人都有准确的定位。就连卖菜的人都有定位，那么你对于自己的人生是否有定位呢？

没有定位的人生，就会像没头苍蝇一样四处乱撞，而唯有定位好人生，才能朝着目标一鼓作气。人生要想把握时机，及时开始，就要准确定位。定位过高，一直待价而沽，会导致滞销；定位过低，贬低自己，又会导致脱销。所以准确定位显得尤为重要，既不至于贬低了自己的身份，也不至于过于坚守，导致错过人生中最佳的时机。

现代社会，有很多大学毕业生都有眼高手低、好高骛远的毛病。他们觉得自己十几年寒窗苦读，一旦毕业就会成为职场上的香饽饽，殊不知，且不说他们的学历是否拥有一定的含金量，仅从工作经验来看，他们就几乎为零。那么作为大学生，到底是以追求高薪为目标，还是要追求合适的平台，这是对于职业追求不同的选择，也是基于人生出发点来考量的。

大学毕业后，婷婷有很长一段时间都没有找到工作，她看上的工作够不着，选中她的工作，她又看不上。就这样不停地耽误下去，眼看着已经毕业半年了，婷婷还是待业在家，把爸爸妈妈都急坏了。

一天，爸爸要去集市上卖菜，让婷婷和他一起去帮忙。到了集市上，爸爸把青椒定价5元一斤，然而其他家的青椒都是4.5一斤。接连好几个人询价，听到5元，都摇摇头走了。对此，婷婷劝说爸爸降价销售，凸显自种青椒的优势，然而爸爸摇摇头，说："这是自己家地里种的，别人的都是大棚里的。"眼看着时间过午，其他家的青椒已经卖4元一斤，爸爸还是坚持5元的价格不愿意降价，可想而知，爸爸的青椒无人问津。

中午，婷婷的肚子饿得咕咕直叫，爸爸还是看着一堆青椒固执己见。眼瞅着到了下午，别家的青椒已经卖5元两斤了，爸爸再不把青椒卖出去就要带回家里自己吃，因而只好2元一斤便宜卖掉了。婷婷抱怨爸爸："爸爸，你为何不早点降价啊，说不定4.5元一斤就全卖光了呢！"爸爸感慨地说："是啊，如果不能准确定位价格，最终就会遭遇滞销，甚至更加贬值。"听着爸爸意味深长的话，婷婷恍然大悟，原来爸爸是在教育自己啊！婷婷陷入深思：我不去工作，如何能让别人认识到我的价值呢？如果最终把自己定位成这堆青椒，那可就赔本赔大发了。再想想和自己一起毕业的同学都工作半年，也积累经验了，婷婷陡然生产危机感，当即对爸爸说："爸爸，放心吧，我一周之内就搞定工作的事情。我要先去工作，才能证明自身的价值。"

爸爸以一堆辣椒为代价，完美地教育和开导了婷婷。对于婷婷而言，哪怕自诩能力很强，卓尔不凡，如果不能真正投入工作中，也是无法得到他人认可的。所以最重要的是根据自己的实际情况来定位，也根据特定的人生阶段来采取对策。唯有顺应形势，才能奔跑，最终奔向成功的终点。

定位自己，首先要了解自己的优缺点，也要知道自己真正想要的是什么。这样才能把自己摆放在正确的位置上发光发热，也才能让人生远离烦恼，收获多多。

释放压力，让自己绚烂绽放

现代人就会把忙和累挂在嘴边，随时随地，都要告诉别人自己多么辛苦忙碌，似乎在现代社会拥有轻松悠闲的生活就是不被接受和尊重的。到底怎么了，每个人都要如此疲惫地应付生活，而不能自由惬意地享受生活呢？实际上，不是因为现代人矫情，而的确是因为大多数人都要承受生存的压力，还要拼尽全力争取升职加薪，又要为了好房豪车而承担沉重的贷款压力。好不容易在忙碌的工作之余能够找到时间休息，脑子里却依然充斥着工作上的事情，连休息的时候都不能完全安心和放心。总而言之，这些生活的压力把人压得非常沉重，根本无法透过气来。当压力长期积蓄，沉甸甸地压在人们的心上，人们心头的担子会越来越重，甚至使生活与工作都受到严重影响。

每当提起要释放压力，总有人说自己放不下。实际上，哪怕看似很小的压力，如果长久积压在人们的心头，也会导致人变得沉重不堪。就像一个人如果端起一杯水，哪怕水杯很大，里面装满了水，端起短暂的时间根本不会觉得累。反之，哪怕水杯很小很轻，里面没有那么多水，但是却需要长久地端着，那么就会使人觉得疲惫不堪。由此可见，压力的大小固然是影响人生的重要因素，但是承受压力的时间长短是更重要的。压力就像是玻璃杯里的水，长久地端着，必然使人觉得疲惫不堪，唯有学会适时地放下压力，才能让自己得到放松的机会，在恢复体力和精力之后继续努力向前，绝不轻易懈怠。

有科学家经过研究发现，当人长期处于压力的状态之中，就会导致思维速度减慢，而且使得身体机能严重下降。在这种情况下，毋庸置疑，人们会加速衰老，生命的质量渐渐下降。所以人必须学会给自己减压，更要在放松的状态下放飞自己，放空心灵，从而才能适度理性地面对生活。否则，负重前行的人生是无法走得更远，走得更长久的。

如何给自己减压呢？首先，要给自己制订切实可行的人生目标，因为过于远大的人生目标会使人感到内心疲惫不堪。切实可行的目标，让人在经过努力之后能够实现，使人得到阶段性胜利，受到鼓舞，因而更加充满力量和信心面对未来。其次，当压力太大而又没有及时卸掉压力时，采取适当的方法减轻压力也是很重要的。例如可以听音乐、读书、运动等。尤其是运动，更是化解压力的有效方法。在采取各种方式减轻压力的同时，要把握一个重要的原则，就是所选择的方式一定要是自己喜欢的，这样才能事半功倍，效果显著。再次，要学会交知心朋友。每个人都要有朋友，既可以充当朋友的心灵守护者，倾听朋友的倾诉，还可以把内心的苦闷向朋友倾诉。唯有如此，才能尽快消除负面情绪，也让自己恢复轻松快乐。最后，要学会放下。现实生活中，很多朋友都斤斤计较，哪怕是遇到一些小事也会耿耿于怀，不愿意放下。殊不知，这样的好记性只会让人生充满烦恼，正确的人生态度是学会放下，随时随地都能忘记生活中不那么让人愉快的事情，多想想生活中充满阳光、积极快乐的一面，从而让内心充满快乐。此外，不管对于自己还是对于他人，都要更加宽容，才能让人生充满欢声笑语，始终与快乐相随。

善于表现，给人生加速

在人生的赛道上，虽然没有输在起跑线上的理论，但是在奔跑过程中，每个人都应该拼尽全力努力向前，这样才能让人生充满源源不断的动力，也能在必要的时候遥遥领先于他人。民间有句俗话，叫作一步赶不上，步步赶不上。这句话的意思告诉我们，一个人不能落后于人，否则追赶上来就很困难。尤其是在步步落后的情况下，人生就更会陷入被动的局面，甚至在困境中无法摆脱。

想明白其中的道理，每个人既不要因为人生的起点低就轻易放弃，也不要因为内心毫无压力，就不愿意付出任何努力追求上进。在有能力且余力也充足的情况下，如果能够稍微领先于他人，从而使自己在未来的人生中占据主动，当然是不错的选择。尤其是当能够超越很多竞争选手时，一切更会变得妙不可言。

在现代社会，觉得怀才不遇的人越来越多。是因为他们真的生不逢时，或者有才华而没有舞台施展吗？当然不是。他们之中的大多数人并非天赋异禀，之所以表现平平，也不是没有抓住好时机，而只是因为他们缺乏对于人生的理性认知，也常常好高骛远，不屑于做那些琐碎的事情，所以反而使自己落后了。朋友们，一定要挖掘自身潜能，善于表现自己，从而使自己在人生的赛道中不落后于他人，甚至遥遥领先。

很久以前，有个年轻人尽管对待工作兢兢业业，而且也很勤奋，但是却始终没有好的收获，一直是公司的小职员，默默无闻，毫不起眼。年轻人感到很苦闷，他想改变现状，又不知道如何去做，因而特意请教一位经验丰富的职业经纪人。经纪人问年轻人："你对于自己的职业发展有什么规划呢？"年轻人有些惊愕地看着经纪人，说："我爸爸告诉我做人一定要低调，夹起尾巴，不要过于张扬。我觉得爸爸说得很有道理，因而在工作上勤勤恳恳，从来不为自己邀功。”听了年轻人的话，经纪人一句话都没有说，而是当即带着年轻人乘坐游艇，驶向辽阔的海面。

正当游艇慢慢悠悠向前行驶时，另一艘游艇后来居上，开足马力，加快速度，居然超越了他们，而且很快就把他们远远甩下。年轻人不知道经纪人为何不加快速度，脸上写满了着急，嘴巴上却什么都不敢说。直到又一艘游艇从后面追上他们，嘲笑他们：“你们的小游艇真是不如独木舟，完全是个废物！”经纪人笑着问年轻人：“你觉得我们的游艇如何？”年轻人说：“当然不错，只是你应该加速而已。”经纪人似乎等到了想要的答案，如释重负地对年轻人说：“你也是一艘游艇，你加速了吗？如果你不加速，别人就会觉得你百无一用，而不会觉得你是低调内敛。”听了经纪人的话，年轻人终于顿悟，从此之后在工作中非常努力表现自己，果然一年多之后就升职加薪了。

作为一艘游艇，最大的优势就在于速度很快，而如果游艇在海面上还没有独木舟航行得快，那么人们还会认可游艇的价值吗？对于每个人而言也是如此，一味地低调谦虚导致埋没自己，当然是不行的。必须积极主动推销自己，也抓住机会展示自己的实力，才能真正找准位置，实现人生价值。

有人说生活就是一次接一次的选择，有人说生活就是永无休止地推销。无论是否从事推销工作，对于每个人而言，都要把自己推销出去，才能赢得人生的舞台。如果总是躲藏在角落里，又如何能够等到伯乐来寻呢！

走自己的路，让别人说去吧

第二次世界大战时期，美国的麦克阿瑟将军在战场上骁勇善战、足智多谋，拥有杰出的军事表现。然而，他并非每个人心中所想象的那么强大，而是有弱点的。他曾经说过，“我尽管从不畏惧从正面来的敌人，但是却无法阻挡敌人从背后攻击我”。连麦克阿瑟这样的将军都无法阻挡背后的敌对力量，可想而知，对于每个人而言，来自背后的力量都是非常可怕的，它可能给我们造成不可知的伤害。

人生不是战场，生活却经常硝烟弥漫。虽然如今处于和平年代，但是人们依然常常觉得苦恼，是因为他们总是活在他人的嘴巴里，要倾听他人的评价，甚至承受他人恶意的中伤。一家知名的媒体曾针对高中生展开调查，结果证实，大部分高中生最惧怕他人的流言蜚语。从这个角度而言，生活中的小喇叭固然可爱，但处处传播流言却让人感到无法容忍，而且在传播流言过度时，他们还会无意中伤害他人。常言道，言多必失，祸从口出。对于每个人而言，唯有尊重他人，才是保护自己的最好方式。尤其是对于他人的选择或者私人的事情，千万不要随意评价。正所谓谁人背后无人说，谁人背后不说人，每个人都必须管好自己的嘴巴，才能让自己免遭他人伤害，也才能让流言止于自己。

换一个角度而言，当我们不小心陷入流言蜚语的中心，又该如何是好呢？难道就因为他人的肆意评价，从此之后就无法理智面对人生，果断做出选择了吗？当然不是。面对流言蜚语，不是沮丧绝望，也不是以讹传讹，而是要保持清醒和理智，从而才能坚持做自己，让别人想说就去说吧！

有电视台做过一个实验，就是让十几个人排成队，然后从第一个人开始咬着耳朵告诉第二个人一句话，第二个人告诉第三个人同样的话，第三个人告诉第四个人……十几个人的队伍不过10米，结果一句简简单单的话经过口耳相传后，却变得面目全非，完全找不到最初的影子。这是为什么呢？因为人的听力难免会出错，会错过重要的信息，为了完善信息又未免添油加醋，最终就会一错再错，导致原本的那句话彻底失去本真面目，成为谣言的根源。常言道，君子坦荡荡，小人常戚戚，做人一定要当君子，导致人生面临很多困境和非议。真正的君子哪怕听到他人的诬陷，也不会当即失去本心，变得摇摆不定；

相反，他们会坚定自己，果断从容。

一个人做事情，一定要保持内心的淡然和纯真，而不要因为他人的三言两语就轻易改变。从谏如流固然是好的，一味地相信他人的判断，而迷失自我，却不可取。无论如何，我们都要坦率从容对待他人，当内心无私天地宽，做什么事情都不怕别人非议时，我们才能真正成为大写的“人”，傲然屹立于天地之间。

要想不被他人议论，要想避免自己成为流言蜚语的中心或者是传播环节，每个人最重要的就是管好自己的嘴巴。唯有让谣言停止，才能避免谣言的暴风骤雨四起。记住，没有任何人会因为他人的评论而改变命运，只要心坚定不移，命运就始终把握在我们手中。

一天，一个人急急忙忙跑过去对智者说：“圣人，我有一个……特别……特别特别好的消息……”智者看着他激动不安的样子，淡然问道：“你把自己的话过滤了吗？就要如此迫不及待告诉我？”那个人说：“怎么过滤呢？”智者说：“过滤当然要用过滤网。一个过滤网是真实，一个过滤网是善意，一个过滤网是重要。也就是说，你所要告诉我的消息是真实、善意且重要的吗？”

那个人显然被智者问住了，沉思片刻，才为难地说：“其实，这个消息是我在街道上听别人说的，不算真实……是关于他人隐私的，也不算善意吧，也许对他人很重要，不过对我们并不重要。”智者笑起来：“在街道上听到的，那就是道听途说喽？如果是关于别人的重要消息，对于你并不重要，那么为何还要说呢？这岂不是散布谣言！”那个人陷入沉思，面红耳赤，感到很羞愧。智者毫不迟疑地说：“既然如此，你就没有必要把所谓的好消息告诉我了，我既不感兴趣，也不想借此机会打探他人的隐私，或者伤害他人。”智者的话让那个人更惭愧了。

很多话如果既没有确定真实的来源，而且是对他人重要、对我们无关紧要的，就不要无中生有，四处散播。明智的人不会随意传播谣言，而是会理性分析很多消息的来源，以及对自己的价值。如果消息本身是毫无价值且没有意义的，那么传递消息就会成为搬弄是非，甚至对他人造成不可挽回的伤害。

人生之中，很多人都会碰到流言蜚语，当遭遇他人的误解或者不公正的对待时，千万不要陷入冲动，或者盲目地做出某些举动。记住，在流言蜚语面前，沉默才是最好的回击，唯有保持沉默，才能让自己摆脱这些闲言碎语，也才能让人生变得清净安然。

第4章

多思考多自省，今天比昨天好一点

古人云，一日三省吾身，充分说明自我反省的重要性。一个人如果从来不知道反省自己，做任何事情都只会闷头向前，那么最终未必能够获得如愿以偿的结果。唯有不断反省，才能坚持正确的人生方向，才能让每一个今天都比昨天进步一点，每一个明天也都比今天更加奋发向上。人生的道路原本艰难，多多思考和自我反省，是至关重要的进步阶梯，也是不可省略的人生步骤。

一日三省吾身，才能保持进步

这个世界上，没有任何人是十全十美的，也没有任何人是绝对无瑕的。自古以来，再好的美玉，也会有小小的瑕疵存在，所以作为一个活生生的人，有优点固然值得赞许，有缺点也要坦然接受，这是因为人人都有不完美，更有可能在人生过程中不断犯错。

人的错误表现在很多方面，观念的错误是最根本的错误，也因此导致人生随之跑偏。有人说人生是一场没有归途的旅程，也有人认为人生就是不断选择的过程，实际上人生也是接二连三犯错的过程，面对有心或者无意犯下的错误，一味地懊悔根本于事无补，唯有努力反思自己，积极改正错误，才能获得进步的机会。总而言之，一个人如果不懂得自我反省，就会在人生道路上停滞不前，就无法改正自己的错误，也不可能弥补缺点和不足。正如人们常说的，人生如同逆水行舟，不进则退，既然不能进步，人生当然处于退步的状态。

一个人要想取得进步，首先应该意识到自己的不足和缺点。否则，对于一个压根不觉得自己有错的人而言，还谈何改正错误呢？在坚持进步的道路上，人人都要不断反省自己，每天都进行自我反思的工作，才能始终保持进步的姿态，也坚持不断进步。简而言之，自我反省就是自己反思自己，检讨自己的言行举止是否有需要改正的地方。通过自省，人的自我认知水平会不断提高，也能够对自己的言谈举止进行客观公正的评价，有则改之，无则加勉，绝不在不知不觉之间就偏离人生的航线，导致人生不知所踪。

每个人只有严于律己，才能严于待人，作为将领，如果岳飞对自己的要求很宽松，又如何能够严格要求下属呢！每个人都有必要一日三省吾身，这是因为每个人都不够完美，都有很多缺点和不足。特别是现代社会的年轻人，因为缺乏历练，更是会在生活中犯各种各样的错误。所谓知错能改，善莫大焉，对于年轻人而言犯错不是坏事，只要及时省察错误，主动积极改正，就能最大限度地完善自己。

很多人都知道，在海洋等水系中，水具有自洁的功能。作为人，也应该以自省作为自洁系统，才能让自己时时常新，不断进步。然而，遗憾的是，大多数人都很善于批评他人，而不擅长自我反省。那么就要及时改正这样的缺点，对他人宽容，而对自己始终保持警惕和反省的态度，才能最大限度提升自我，也打开人生的新局面。

虚心采纳他人的建议

漫漫人生路上，每个人都有机会欣赏人生沿途的美丽风景，也会因为各种各样的原因而犯下形形色色的错误。所谓当局者迷，旁观者清，就是因为如此，人才会“不识庐山真面目，只缘身在此山中”。既然意识到这一点，要想更加客观、公正地省察自己，人就应该拥有自省的意识，认识到自己的优缺点，也能够在他人为自己提出意见的时候，虚心采纳，有则改之，无则加勉。然而，很多人对于他人的中肯建议都怀着不耐烦的态度，觉得他人是在鸡蛋里挑骨头，所以心中未免就有了很多抵触。

这个世界上，有谁不需要任何人的提醒和指点呢？没有任何人。每个人都不可能是十全十美的，尤其是在充满艰难坎坷的人生道路上，人人都会犯错误，也会不知不觉间做出错误的选择。为了避免人生少走弯路，人人都应该积极地积累人生经验，不但从自身的历练中得到成长，更要从他人的意见和建议中得到经验，提升和完善自我。若一个人能虚心采纳他人的建议，不但有利于自身的成长，而且对于与他人之间建立友好的关系也是非常重要的。人人都渴望成功，却不知道自己身上的缺点与不足，成功怎么能不期而至呢！最重要的在于有自知之明，也有度量能够采纳他人意见，积极改进自己，从而距离成功越来越近。

很久以前，有个小国为了建立友好邦交关系，特意打造了三个小金人送给大国。大国的皇帝看到金灿灿、精致的小金人，高兴得合不拢嘴。送金人的使者看到大国皇帝贪财的嘴脸，不由得心中愤愤不平，因而问道："尊贵的皇帝，您见多识广，能看出来这三个金人之中，哪个金人的价值最大吗？"听到这个问题，大国皇帝真的被刁难住了。他绞尽脑汁，想出各种办法想要区分三个金人的价值，但是都以失败而告终。皇帝很着急：怎么能被这个小问题难倒，让使者嘲笑呢！

无奈之下，皇帝只好在全国范围内征求正确的答案。无数人都积极地给皇帝出谋划策，然而没有人的答案是正确的。有一天，有个深山里的道士来到皇宫，说自己知道正确的答案。面对三个小金人，只见道士拿出一根稻草顺次插入三个小金人的耳朵里。稻草从第一个小金人的左耳朵进入，右耳朵出来；从第二个小金人的耳朵里进入，从嘴巴里出来；从第三个小金人的耳朵进入之后，再也没有出来，原来进入了第三个金人的肚子里。道士当即毫不迟疑地说："第三个金人是最有价值的。"使者得到这个答案，当即默默无语，因为这个答案完全正确。

怎样的人最有价值，对于别人的话左耳朵听右耳朵出的人，显然是不值得赞许的。对于他人的话从耳朵进入，又当即不假思索地从嘴巴说出来的人，也是没有价值的。只有虚心听取和采纳他人的建议，有则改之，无则加勉的人，才能得到他人的钦佩。

现实生活中，有些人和第一个小金人一样，目中无人，心中只有自己，因而对于他人所说的任何话都完全不放在心里，而是当即过耳即忘。非但如此，他们还狂妄自大，总觉得自己无所不能，也就把整个世界和所有人都不看在眼里。也许这样的人的确能力很强、水平很高，但是仅凭着他们对待他人意见的态度，也就注定了他们的人生不会有大的发展和好的前途。还有些人是不折不扣的大喇叭，人们都说谣言止于智者，对于他们而言，非但没有让谣言停止，反而还因为四处散播而让谣言愈演愈烈。毫无疑问，最高明的就是善于虚心接纳他人意见的人，他们对于他人的意见和建议，能够以理性的态度分析，既不盲目抗拒，也不盲目接受，而是听到心里去，从而认真理性地思考，再做出正确的选择。这样的人不管是对于工作还是生活，往往会有好的收获，也能够得到梦寐以求的结果。

人们总是喜欢接近谦虚的人，而不愿意接近那些盲目自高自大者。一个人如果有很多缺点和不足，却从来不自知，哪怕别人为他们指出来，他们也不以为然，根本听不进心里去，可想而知他们是很难有任何进步的。很多不小心触犯法律的人都会懊悔万分，因为他们在锒铛入狱甚至被判死刑之前，根本不知道自己的行为是不被法律许可的。对于人生而言，最大的悲哀就是无知。当从他人口中听到不一样的自己，先不要忙着否定他人的中肯建议，而是要努力反思，从而真正反省自己的错误。古今中外，大多数有所成就者，无一不是善于自我反省和主动听取他人意见的人。

人应该有宽广的胸怀，把批评自己的人都当成自己的好朋友，这样一来才能真正做到求建议若渴，才能以谦虚的心态不断进步，让人生不断上升和进步。与此同时，因为对待他人的建议采取了正确的态度，求建议若渴的人也能以更好的态度与他人相处，得到他人的认可，因而顺理成章建立良好的人际关系。

空杯心态，让你常怀进取之心

教授拿着一个空杯子走上讲台，邀请一位同学亲手往杯子里装满小石头。然而，教授问同学们："这个杯子还能继续装吗？"看着满满的小石头，同学们异口同声地回答："不能！"教授一声不吭，拿出碎石，又往杯子里装入一些碎石。这时，他又问同学们："这个杯子还能继续装吗？"同学们有些犹豫，良久，才有同学小声说："应该还能吧！"这个回答马上引起其他同学的一片唏嘘声："都这么满了，还怎么装。”这时，教授笑了笑，拿出细细的沙子，然后沿着石头的缝隙装入杯子里。同学们全都惊讶地瞪大眼睛，难以置信地看着教授。教授依然如故，继续问道：“这个杯子还能继续装吗？”同学们纷纷摇头，此时此刻杯子看起来再也没有任何空间，怎么可能还继续装呢？！不想，教授将水灌入杯子，杯子居然又容纳了很多水。这时，教授才语重心长地对同学们说：“一个杯子能装很多东西，最重要的在于你们要相信杯子还能继续装，而不要觉得杯子已经满了。就像一个人，学海无涯苦作舟，学习是永无止境的，所谓活到老，学到老，正是对我们的要求。作为现代人，千万不要觉得自己已经满了，掌握了足够用一辈子的知识。如今正处于信息大爆炸的时代，知识的更新换代速度非常快，必须时刻保持进取之心，才能坚持学习，坚持进步。”听完教授的话，同学们都陷入了沉思之中。

教授的话很有道理，常言道，一瓶子不满，半瓶子晃荡，正是形容很多人才疏学浅，却总是自以为是、狂妄自大，觉得自己再也不需要学习和进步。而真正有知识、懂得学习的人，则越是攀登知识的高峰，越是意识到自己的能力不足，学识浅薄，反而更加努力用功，绝不敢有片刻的疏忽和懈怠。每个人都要端正好心态，才能在学习的道路上有所进步，也才能让自己的心中装满更多的知识。

张强一直是学习上的佼佼者，在班级和学校里都遥遥领先。为此，每次参加考试或者竞赛，他都胸有成竹，完全不像其他同学愁眉苦脸样。

这次，张强代表学校参加区里的一场竞赛。和以往一样，张强觉得这又是自己出头露脸的机会，因而丝毫没有理会监考老师强调了三遍的“必须看完整张试卷再开始答题”的要求，而是大笔一挥，抱着“兵来将挡，水来土掩”的心态，就开始做试卷了。然而，才过去几分钟，就有考生开始交卷，张强不由得露出鄙夷的神情，暗暗想道：“这么逊，居然交白卷，还能得到资格参加竞赛。”陆陆续续又有几个考生带着奇怪的表情交了试卷，张强心中一直犯嘀咕，却手不停笔，才40多分钟，就已经做到最后的题目了。做到最后一题，张强突然悔青了肠子，原来最后一题的题目赫然写道：此次考试不需要答卷，只要写上姓名和学校即可获得满分。答卷的人，每答一题扣掉一分，全部做完算作零分。

如果张强能够谦虚一些，不要觉得天地宇宙间只有他才是佼佼者，那么就能静下心来听监考老师说话，也能真正看到最后一题，获得满分。正是因为他的骄傲自满和狂妄无知，才使他在这次竞赛中完全失利，取得了零分的糟糕成绩。

学习的道路永无止境，每个人在学习的道路上都应该常怀空杯心态，才能调整好心态，积极地面对人生。如果始终觉得自己是最强大的，也不再需要学习，那么就会在不知不觉间错过学习的机会，也会导致人生陷入歧途。记住，只有常怀空杯心态，人生才能不断进步。

培养核心竞争力，才能获得成功

一只木桶，哪怕长板再长，如果短板很短，那么在盛水的时候，水一旦超过短板，就会从短板处流淌出来，根本无法装满整只木桶。这就是心理学上大名鼎鼎的木桶理论，告诉人们唯有补足短板，才能增加木桶的容量。在这个理论的指导下，很多人都觉得应该补足短板，因而忽视了长板。殊不知，对于人生的发展而言，一味地弥补短板并非明智之举。如果短板的存在并不影响长板发挥作用，那么就没有必要把所有的时间和精力都用于补足短板。人生看似漫长，实则短暂，短暂到倾尽一生也许只能做好一件事情。作为明智的人，一定要分清楚人生的轻重主次，不要因为迷信木桶理论，就只顾着短板，而完全忽略了长板。

一个人哪怕弥补了自身的缺点，也很难把自己的劣势转化为优势。与其花费加倍的时间和精力用于补足缺点，不如发掘自身的潜力，培养自己的特长，这样才能在适宜的条件下，让自己得到长足的发展。尤其是在现代职场上，一个人如果平淡无奇，没有特别出彩的地方，那么是很难在激烈的竞争中脱颖而出的。这就要求人人都要具备核心竞争力，才能更加接近成功，收获充实的人生。否则，一旦把人生的重点确定错误，就会导致事倍功半，甚至使得事与愿违。

很多朋友都曾经读过“南辕北辙”的故事，也知道一旦方向错误，很多有利的条件都会起到相反作用的道理。尽管条条大路通罗马，要想在人生道路上取得更长足的成功，最重要的在于找到最快速的通道，从而领先于他人，也更迅速地成就自己。现实生活中，很多人的先天条件都很好，外部生存条件也不错，但是他们在一生之中庸庸碌碌、盲目奔波，反而错过了成功。每个人都只有在最适合自己的舞台上，才能绽放精彩，也只有发挥自身的特长，才能长袖善舞。所以朋友们，最重要的是发掘自己的特长，也找准自己擅长的领域，才能如愿以偿接近成功。众所周知，巴菲特是股神，然而巴菲特却有一个铁律，那就是绝不投资自己不熟悉的行业。哪怕通过投资成为世界富豪，巴菲特也从未打破这个铁律，而始终要求自己在定律范围内进行投资。不仅巴菲特如此，很多成功人士都是因为具备核心竞争力，也找准了人生的舞台，才能取得杰出的成就。例如比尔·盖茨，如果不是对计算机的浓厚兴趣和在软件开发方面的独特天赋，他如何能够成就微软帝国呢！

佐川清从小家境优渥。然而，8岁那年，噩运突然降临，母亲因为突如其来的疾病去世了，佐川清不得不跟随继母生活。由于和继母没有相处好，他小小年纪就辍学，独自闯荡天涯。刚开始时，因为年纪小，也没有技能和本领，他只能在快递公司送快递。当时，快递员还没有便捷的交通工具，佐川清每天都要靠脚力走街串巷，非常辛苦。就这样，佐川清一干就是20年。到了35岁那年，他觉得不能继续这样给别人打工了，又因为不熟悉其他行业，所以他只好创办一家快递公司。这家快递公司里，佐川清既是老板，也是员工，每天起早贪黑，绝不敢有片刻懈怠。

因为有此前20年的工作经验积累，佐川清对快递行业得心应手，在度过最初的艰难时刻后，他就打开了公司的经营渠道，把公司经营得风生水起。最终，他一步一步，从全凭脚力，从只有一个员工开始，把公司做成了集团。

在很多人眼中，当快递员是没有发展前途的。的确，佐川清在当快递员的20年里，人生平淡无奇，没有什么发展。然而，他始终坚持，从未放弃，最终不但创办了属于自己的公司，而且还获得了巨大的成功。不得不说，他的成功离不开勤奋敬业，更离不开坚持不懈，还因为他很清楚自己的优势和长处，所以才没有在创办公司时盲目转行，而是选择了自己最熟悉和最适合的快递行业。

常言道，十年磨一剑，佐川清用了20年磨好了人生的利剑，所以才能利剑出鞘，战无不胜。作为旁观者，在羡慕佐川清成就的同时，更应该看到佐川清的付出和努力。现代社会，竞争越来越激烈，每个人都要打造自己的核心竞争力，才能最大限度地激发自身的潜能，创造人生的价值。

你不需要过于完美

人生是一场没有归途的旅程，任何人都无法按照自己预先设计的完美路线完成这次旅程，是因为人生之中充满了未知和变数，也导致人生总是反复无常，给人意外的惊喜和惊吓。常言道，理想总是丰满的，现实总是骨感的，偏偏有很多人都对生活抱有不切实际的幻想，而且总是过分追求完美。对于大多数人而言，追求完美固然好，能够激励人们不断奋进，但是过分追求完美，则会阻挡人们前进的脚步，导致通往成功的路上困难重重。

世界上并没有真正的完美，任何人与事情都存在或大或小的瑕疵，唯有内心宽容，接受不完美的存在，才能坦然接受自己，也不至于因为内心焦虑不安，而导致人生陷入困境。每个人都要记住，人生不需要过于完美，有瑕疵的人生才更加真实。

很久以前，有位雕塑家雕塑出来的艺术品栩栩如生，看起来和真人简直无异。为此，很多人慕名而来，都想让他帮忙雕塑雕像。雕塑家也很喜欢雕塑，并且对雕塑工作乐此不疲。然而，正当雕塑家的事业蒸蒸日上时，有一天，先知告诉他："你的大限即将到来，时日不多了。"听到先知居然宣布自己死期将至，雕塑家感到非常恐惧，他和所有人一样害怕死亡，不想被死亡的魔爪紧紧地抓住。为此，他绞尽脑汁，想方设法，最终决定为自己雕塑11个雕像，这样就可以在死神到来时混淆视听，让死神无法辨识出他。

雕塑家死亡的时刻到了，死神的确被12个完全相同的人混淆了，不知道到底应该带着谁离开。死神思考很久，也无法做出抉择，因为他只能带一个人走。为此，他去请教上帝："你肯定犯了不可饶恕的错误，明明只允许我带一个人回来，却创造了12个一模一样的人，这让我如何选择呢？"上帝教给死神一个办法，死神将信将疑，但是因为没有更好的选择，死神只好听信上帝的话，再次回到人间。当再次面对12个完全相同的人，死神说："你当然做到最好，但是依然有瑕疵。"雕塑家听到这句话，当即从12个人中跳出来，喊道："哪里有瑕疵？我要改正。"死神哈哈大笑起来，说："你的瑕疵就是你无法忘记自己。走吧，你的大限到了。"

雕塑家显然是因为过分追求完美而害了自己，不然他就真的能够凭着以假乱真的雕塑水平，逃脱死神的追捕了。但是他却主动跳出来，想要完善无瑕，却不知道自己被完美主义情结害死了，再也没有机会改正。

现实生活中，有很多人都奢求完美，不管做什么事情都要求没有任何瑕疵。不可否认，这样的吹毛求疵的确有助于人进步，但是现实却告诉我们，过分追求完美只会弄巧成拙，也会使人陷入追求完美而不得的焦虑中无法自拔，最终使得事与愿违。

首先，通常情况下，追求完美者对自己总是要求过高，因而哪怕非常努力，也无法达到自己制订的人生目标。在长期努力却毫无收获之后，他们必然觉得沮丧绝望，甚至会因此而放弃努力。不得不说，这种状态对于人生而言是非常糟糕的。其次，还要注意区分过分追求完美者与高标准者的区别。大多数高标准者只是为自己确定更高的目标，而不会过分苛责自己，但是追求完美者却不允许自己犯任何错误，哪怕是对于不值一提的小事情，他们也要求百分百完美。这样的心态表现在工作中，往往起到消极的作用。例如，很多运动员美其名曰在运动生涯高峰期选择急流勇退，实际上他们只是担心自己下一次不能表现更好。最后，过分追求完美的人总是有着深深的焦虑和不安全感。他们时时刻刻都担心自己不能做到最好，也因为凡事都追求完美而承受了过大的压力。当内心的巅峰无法企及，他们甚至会对人生失去希望，陷入彻底的绝望之中，因而做出决绝的举动。

要记住，人生可以追求卓越，却不要过分追求完美。对于每个人而言，成功的定义都是不同的。既然每个人都是世界上独一无二的生命个体，那么每个人生自然也应该与众不同。从这个角度来说，人人都应该追求属于自己的成功，而不要盲目地照搬他人对于成功的定义和要求。一个真正的人生强者，绝不是只接受成功，而无法承受失败的。与其等到被完美禁锢，不如从现在开始就勤奋努力，坦然迎接属于自己的成功。过分追求完美的人还会情不自禁活在他人的眼光里，一旦遭遇他人的非议或者异样的眼光，他们就会非常懊丧，对自己产生怀疑，甚至完全否定自己。实际上，不苛求完美的人更容易取得成功，是因为他们有着平和的心态，也能在人生中不忘初心，方得始终。

第 5 章

学说话学做事，成长需要每天坚持

成长从来不是简单的事情，一个人要想得到他人与社会的认可，就要更加努力用心，也要为自己的成长添砖加瓦。说起进步，很多人的第一反应就觉得进步与学习之间有密切的关系，这么想当然是正确的，需要注意的是成长中的学习不仅仅指传统意义上的学习，而是涵盖很多方面，诸如说话做事等。一个人唯有学会说话做事，才能更恰到好处地与人打交道，也才能获得真正持续的进步。

到什么山头唱什么歌

人人都会说话，但是如何把话说得恰到好处，说得他人心花怒放，却是一门大学问。说话并非是简简单单上下嘴唇一碰就能完成的发声，也可以说发声只是最简单的说话，真正的说话不但要起到表情达意的作用，还要根据不同的交流对象和交流情境，有的放矢组织语言，这样才能起到预期的作用。如果纯粹地把说话孤立开来，视说话为不假思索就能完成好的事情，那么很容易导致说话起到相反的效果。

人是群居性动物，每个人要想在人世间立足，就要学会说话做事，尤其是要掌握用语言表达自己的技能，才能架设起与人沟通的桥梁。现实生活中，很多人虽然看起来和善友好，但却总是人缘很差，这不是因为他们的心中缺乏善意，而是因为他们不会表达，所以很容易把好心的话以不恰当的方式说出来，最终把别人惹恼。

说话也不是一个人的独角戏，而是要根据倾听者的身份进行调整的。例如对老人说话和对孩子说话是截然不同的，对男人说话和对女人说话也是不同的。反之，如果一个人不管对谁都说同样的话，可想而知效果一定会很差。善于表达的人，最明白到什么山唱什么歌的道理，也会最大限度地调整好自己的心态，选择恰当的表达方式，从而让沟通起到预期的效果。很多情况下，开门见山、直截了当固然有很强的力度，却未必能起到良好的效果。对于某些性格相对敏感细腻的倾听者而言，委婉表达不失为更好的选择。所以要想把话说得恰到好处，一定要用心揣摩倾听者的身份和角色，才能最大限度地发挥沟通的效果，让说话事半功倍。

自从怀孕，小玉就发誓要给孩子最好的生活，因而虽然她的哥哥家里孩子才一岁多，正好有很多旧衣服可以穿，但是她却从未捡过旧衣服给孩子穿。转眼之间，小玉的孩子也3岁多了，家里有很多衣服鞋袜，都是孩子穿小了的，放都没有地方放。

有一次，小玉带着孩子在小区广场上玩耍，说起孩子的旧衣服想找地方捐献，有个带孩子的老奶奶对小玉说："你把衣服捐给陌生人干吗，还不如给小区里的孩子穿。"小玉说："熟人不敢给啊，怕人家嫌弃。"老奶奶说："怎么会呢，以前孩子们不就是穿着哥哥姐姐的衣服长大的吗！给我们家吧，我们不嫌弃，还得感谢呢！"小玉当即答应了老奶奶的请求。后来，在聊天过程中，老奶奶问起小玉为何不把衣服留给弟弟家的孩子穿，小玉说："现在都一个孩子，谁还愿意捡别人家的旧衣服穿啊！再穷的人家，也买得起新衣服给孩子。"小玉丝毫没有意识到自己的话说错了，老奶奶的脸色有些变了，而且马上疏远了小玉。

小玉未必是故意那么和老奶奶说话的，而是因为心中的确这么想，才会这么说。然而她忘记了老奶奶前一刻还和她讨要旧衣服给孩子穿呢，下一刻她却口无遮拦说出这样的话来，可想而知老奶奶必然很尴尬。如果是普通的邻居，老奶奶也没有向小玉讨要衣服，小玉随意表达自己的观点没有任何问题。但是对于特殊的交谈对象，应该更加留心，才能让每句话都说得恰到好处。

有人说，语言是心灵的外衣，的确，一个人的内心如何，语言表现也就如何。语言能表达情感，是生活和工作中不可获缺的重要沟通方式之一。在使用语言与他人沟通时，一定要注意区分交谈的对象和场景，而不要口无遮拦，更不要随随便便地说话，最终伤害了他人的心，使得人际关系变得恶劣。言语宽和，是做人的品质和修养，一个人千万不要尖酸刻薄，更不要无缘无故就得罪了他人，却毫不自知。

学会说话，人生如鱼得水

常言道，会说说得人笑，不会说说得人跳，这是因为即使是相同的话，如果由不同的人说出来，或者由同一个人以不同的方式说出来，效果将会是截然不同的。众所周知，说话是人与人之间沟通的桥梁，桥梁畅通，人际沟通才能畅通。反之，如果桥梁阻断，那么人际沟通也会面临很大的困境，使得人与人之间的相处进入死胡同，或者陷入僵局。

人是群居性动物，每个人要想在社会上生存，首先要融入人群，要与人交流，也表达自己的心意。在这个世界上，没有任何人能完全脱离人群，孤独地生存。人人都要与他人相处，友好交流，才能让彼此心意相通，也起到最佳的效果。明智的人总是深谙人际相处的智慧，也知道说话必须得体，行为必须恰当，才能得到他人的认可，也才能实现自身的价值。否则，哪怕老王卖瓜，自卖自夸，把自己说得天花乱坠，却得不到他人的认可与赏识，也是毫无作用的。

作为IBM公司的开拓者之一，小沃森无法容忍任何人没有分寸地对他说话。然而，为了挽留一位真正的人才，小沃森居然打破了惯例，假装没有听到人才当着他的面发牢骚。这个人才就是伯肯斯托克。伯肯斯托克负责未来需求部，是IBM公司二把手柯克的朋友。然而，柯克前段时间刚刚去世，而小沃森向来看不过柯克，因而伯肯斯托克几乎可以肯定自己会“死”在小沃森手上。

为了避免“死”得难堪，伯肯斯托克主动虚张声势来找小沃森，而且口中大声叫嚷：“我死定了，肯定干不成之前的职位，我几乎可以想象我未来会在某个无关紧要的职位上虚度人生……”按照惯例，小沃森在听到这样的话时就会马上发火，但是他却满脸笑容地看着伯肯斯托克，似乎伯肯斯托克刚才过分的话没有传入他的耳朵。小沃森冷静地对伯肯斯托克说：“是金子在哪里都会发光的，如果我是你，我会相信自己不管是在柯克手下还是在小沃森手下，都能做到最好。”听了小沃森的话，伯肯斯托克简直不相信自己的耳朵。最终，他选择留下来，也完全发挥自己的才华，为推动和促进IBM公司的发展起到了至关重要的作用。若干年后，小沃森依然为自己当初能忍耐住脾气，挽留住伯肯斯托克而欣慰。

小沃森显然把说话的水平发挥到最高，所以才能挽留伯肯斯托克，也才能让IBM未来有远大的发展。如果没有伯肯斯托克的大力帮助，IBM的规模也许就达不到今天的水平。会说话的人，面对窘境，依然能谈笑风生，面对得意的时刻，也能保持低调和谦虚。

早在春秋时期，人们就很重视语言表达。大圣人孔子根据不同的场合，总是及时调整说话的策略，而且还会根据说话对象的不同，使用不同的语言。但是孔子不管与谁说话，都会坚持原则，绝不虚伪和抢先，而是耐心又真诚。总而言之，说话一门艺术，一味地直截了当让说话显得非常僵硬，也会使他人陷入尴尬之中无法自拔，唯有始终掌握说话的分寸，把每句话都说得恰到好处，才能与人建立友好的关系，使自己的人际交往更和谐融洽。

幽默，让人生充满欢声笑语

如果语言始终僵化，则非但无法起到沟通感情、融洽关系的效果，还会导致人与人之间产生误解，遇到尴尬和难堪的时刻，也不能随机应变。在西方国家，人们把幽默视为非常重要的能力，是因为幽默如同智慧的光芒，能辐射到生活和工作的方方面面。尤其是在人际交往中，幽默的作用更是不容小觑。当陷入冷场的时候，幽默总是能第一时间化解僵局，从而让人际相处顺利进行下去。

细心的人会发现，古往今来，大多数有所成就者，无一不是幽默的人。他们非常聪明，而且灵活机智，在尴尬的情况下也能马上开动脑筋，找到最合适的方法与他人融洽关系，建立邦交。他们没有武器，但是却有幽默作为杀手锏，几乎对于每个人都能起到良好的效果和作用。以幽默作为武器还能带给人意外的惊喜，因为幽默既不是强权手段，也不会导致他人受到伤害，反而能够协调人际关系，加深人与人之间的感情，从而让人际关系朝着好的方面发展。

1843年，林肯参加竞选，与对手卡特莱特竞争，他们之中只有一人能够代表伊利诺伊州共和党成为国会的众议院议员。毫无疑问，出身贫寒、父亲是鞋匠的林肯，在社会地位和经济实力方面根本无法与著名的牧师卡特莱特相媲美。卡特莱特也准确认识到这一点，并且从职业敏感的角度出发，当即向公众指出林肯是个不愿意信奉耶稣的人，还曾经公开说耶稣是“私生子”。

在卡特莱特的攻击下，林肯的人气有所下降。为了挽回选民的支持，当得知卡特莱特要在一家教堂布道时，林肯特意准时到达教堂，并且坐在最前排的位置虔诚地聆听。林肯只想让卡特莱特看到自己，然而，卡特莱特始终没有看林肯一眼。当演讲进入高潮时，卡特莱特突然告诉信徒：“请想进天堂的人站起来，把心献给上帝！”毫无疑问，全体信徒都当即站起来。卡特莱特很满意，让信徒们都坐下，并且说上帝已经看到了他们的诚心。没过多久，卡特莱特又说：“请不愿意进地狱的人都站起来，上帝保佑你们！”毫无疑问，信徒们再次站起来，卡特莱特露出得意的笑容。正当此时，他突然对信徒们说：“我看到在座的每一位信徒都想进入天堂，远离地狱，唯独林肯先生除外。那么林肯先生，难道你是想下地狱吗？”林肯早就料想到卡特莱特会当众羞辱他，他丝毫没有慌张，而是平静地站起来，对信徒们说："感谢上帝，让我得到卡特莱特先生如此的厚爱和关注。我当然要认真回答他的问题，因为我既不想去天堂，也不想下地狱，我只想进入国会。"听到林肯的话，在场的信徒全都忍俊不禁。后来，林肯果然顺利进入国会，还当选美国总统，这与他的风趣幽默是密不可分的。

幽默不但风趣，而且具有感染力，能够在人与人之间传递。在社交场合使用幽默的语言，不但能调节气氛，有利于交流，还会彰显幽默者与众不同的魅力。一个幽默的人一定是热爱生活的，而且也能够在生活中发现让自己感兴趣和寄托精神的所在。有的时候，仅凭一句幽默的话就能化解尴尬，也凭着幽默的话，就能让人的痛苦减半。幽默是生活的调味剂，能让原本枯燥寡味的生活变得生机盎然，充满趣味。很多人在生活中常常感到焦灼不安，如果拥有幽默的心态，也能以风趣的语言及时开解自己，那么一切的艰难坎坷都会被他们踩在脚下，命运之神也会特别眷顾他们。

幽默具有强大的力量，能让人的心情更加轻松。尤其是在人际交往中，幽默的人总是处处受到欢迎，因此人都是趋利避害的，人人都想收获快乐，而不愿意与忧愁相伴。幽默的人富有魅力，因此每个人都要努力打造自己的幽默品质，这样才能通过幽默消除烦恼，也才能通过幽默展现自身的不俗魅力。总而言之，幽默在人际交往和社会生活中是绝对不可取代的，不但能够缓解紧张的气氛，帮助人们放松精神，消除疲劳，也能让这个世界更多一些欢声笑语，更少一些尴尬和难堪。通常情况下，性格积极乐观的人更幽默，是因为他们富于智慧，也能够随机应变。作为俄国大名鼎鼎的文学家，契诃夫就很重视幽默的作用。他曾经说，一个人如果不懂得幽默，人生也就会失去希望。尤其是在现代社会，生存压力越来越大，竞争越来越激烈，很多人经常处于极度紧张的状态之中，神经都是紧绷的。如果能够适时适度地幽默，则生活会变得更轻松，情绪也更容易保持平和的状态。此外，幽默还是人际相处的润滑剂，当幽默帮助我们赢得他人的认可与尊重，帮助我们建立良好的人际关系，拥有丰富的人脉资源，我们的生活与工作就会变得轻松和卓有成效。

赞美要做到不留痕迹

众所周知，人人都喜欢得到赞美，而不愿意被他人否定和批评。实际上，赞美固然是人际相处的润滑剂，也能最大限度地推动人际关系的发展，但却不能滥用。赞美唯有适度和恰到好处，才能起到事半功倍的效果，一旦过度或者表现出浓重的痕迹，就会导致事与愿违。

从本质上而言，赞美是件好事情，但是赞美绝不是一件简单容易的事情。赞美一定要讲究适度，而且要以恰到好处的方式进行，否则就会不知不觉间得罪他人，甚至使得人际相处陷入窘境。一个人要想用赞美给自己的交往力加分，就一定要深入研究赞美这门学问。

有一次，美丽高贵的德文希尔女公爵刚刚走下马车，就看到一名清洁工正站在马路边准备点燃烟斗。清洁工看到女公爵，不由得被女公爵的美貌所震惊，尤其是当看到女公爵闪烁如同星辰一样的眼睛时，更是忍不住惊呼："您的眼睛太亮了，简直能把烟斗点燃。"自从听了这句赞美之后，女公爵再听到任何人的赞美，都觉得如同蜻蜓点水般，索然无味。

一名清洁工的赞美，让女公爵怦然心动，此后再也听不进去任何人的赞美。实际上，清洁工的赞美之所以这么成功，并非因为清洁工有多么高深的学问，或者懂得使用文学的词汇，而是因为清洁工此前从未看过任何人像女公爵般美丽，更没有看过如同星辰一样闪烁的眼睛，又因为他正准备点燃烟斗，所以对女公爵的赞美就脱口而出。不得不说，清洁工的赞美完全符合赞美的原则，即发乎本心、出于自然、尊重事实，而且不留痕迹。这样的赞美，任何人都无法拒绝。

丰特奈尔是法国大名鼎鼎的作家，他幽默健谈，总是给人带来快乐。

有一次，丰特奈尔遇到一位年轻女性。那位女性很漂亮，而且气质不俗，丰特奈尔对这名女性极尽赞美之词。然而，在与女性交流后，丰特奈尔再次经过这位女性身边时，却看都没看一眼。女性感到很惊讶，她当即认为丰特奈尔此前的恭维都是言不由衷的，为此对丰特奈尔说："我简直怀疑你刚才的话都是虚情假意，因为你刚才经过我身边时简直把我当成了空气。"丰特耐尔笑着说："的确，我故意没看你，因为我如果看你，根本无法从你身边经过。"

作为年轻的漂亮女性，在得到丰特奈尔如此与众不同的赞美之后，可想而知内心是多么欣喜，也必然会对丰特奈尔留下良好的印象。实际上，赞美的方式有很多，直白地夸赞女性美丽固然能起到开门见山的效果，但是事例中丰特奈尔的赞美却更让女性怦然心动。由此可见，要想赞美他人，就一定不要敷衍了事，而要多多用心，才能让赞美的清泉从内心深处流出。

尤其是在人际交往中，赞美往往会起到令人喜出望外的效果。在陌生人之间，赞美能够瞬间拉近彼此间的关系和距离；对于熟悉的人而言，赞美则使他们的感情更深厚，也让他们的交往更密切。需要注意的是，赞美除了要真诚、具体、独出心裁之外，还应该精妙。很多人说话啰唆，赞美他人时也总是不断地重复，殊不知这样的重复非但不能让赞美起到好的效果，还有可能让赞美事与愿违。总而言之，赞美是人际交往的杀手锏，但是却并非那么简单容易就能做好。对于赞美，必须运用得法，才能起到最佳的效果，也才能事半功倍。

找准对方的弱点展开进攻

生活中，人们常常需要与他人博弈，从而达到自己的目的，实现自己的心愿。也许有些朋友会说自己从来不需要与他人交涉，但这句话不是真的，因为每个人都需要与他人相处，只不过当事人没有意识到自己在与他人交涉而已。举个简单的例子，人与人总是会有意见相悖的情况发生，每当这时，一方都会试图说服另一方，尤其是自主意识比较强的这一方，更是迫不及待想要对方接纳自己的观点，服从自己的意志。当然，这是不容易做到的，因为人人都有自己的主见和意志，就算是年幼的孩子也有违背父母旨意的时候，更何况是成人呢！那么如何说服他人呢？尽管有很多说服的技巧可以使用，但是从心理学的角度而言，最重要的是找到对方的弱点，然后展开进攻，才能说服对方。

也许有人会说自己喜欢迎难而上，的确，迎难而上的勇气可嘉、精神可贵，但是迎难而上并不一定可以获得成功。就像在战场上，要想占领敌人的高地，从正面展开进攻固然是一种策略，从侧面迂回进攻同样是一种策略。越是在正面进攻艰难的情况下，越是要迂回进攻，迂回进攻容易找到对方的弱点，这样无形中就增强了自身的实力。在人与人的博弈中，类似的情况时常发生，尽管没有战火和硝烟，但却同样让人惊心动魄。

在监狱里，有个犯人刚刚被判刑不久，因为他此前表现出自杀的倾向，所以狱警收走了他的腰带和皮鞋，以及领带。然而，才进入监狱一个月，这个犯人的体重就锐减，因为监狱里的饭菜实在太差了，让他没有任何胃口。如此一来又衍生出一个新问题，那就是他的腰变细了，没有腰带的情况下，他只能用手提着裤子，否则裤子就会掉下去。他就这样一手提着裤子，一手痛苦地挠头，在监狱里走来走去。

突然，他闻到了久违的味道，是香烟的香味。他从门上的小窗口看向走廊，发现有个狱警正在他的监室不远处吞云吐雾。这是万宝路的味道，他似乎觉得人生有了希望，因而当即很小心地敲门，吸引狱警来到他的监室门外。狱警没好气地问他：“你想干吗？”他毕恭毕敬地说：“能不能请您给我一支香烟，就是你刚刚点燃的那种——万宝路。”狱警当然觉得他的请求很好笑，当即不屑一顾哼哼了几声，就转身离开了。这时，犯人决定改变策略，当即又敲门。狱警不耐烦地再次回来，质问他到底想干什么。这次，他的语气毋庸置疑，他坚定地对狱警说：“很抱歉，如果你在一分钟之内不给我一支点燃的万宝路香烟，只怕你今晚的值守会不太平。我会马上用头撞墙，让自己的脑袋变得血肉模糊。等到监狱把我抢救回来，我会告诉他们这一切都是你的所作所为。当然，我知道我的指证最终不会对你造成伤害，但是你至少会为此惹上麻烦……想想吧，是一支万宝路重要，还是你的前途和命运更重要！我只要一支万宝路，我会保证在你值班期间安安稳稳的。”听完这番话，狱警赶紧点燃一支万宝路递给他，在香烟的作用下，他也渐渐恢复了安静。

犯人很顺利地说服了值班的狱警，是因为他很清楚狱警的弱点在哪里。狱警尽管拥有自由，而且负责管理犯人，但是很害怕犯人会出什么差错，也不想让自己因此而惹上任何麻烦。对于犯人而言，他只想要一支香烟，对于狱警而言，他只需要给出一支香烟，就能让自己摆脱麻烦。狱警当然会权衡利弊，从而让一切都顺利进展下去。

一个人要想成功说服他人，除了晓之以理、动之以情的常规方法之外，还应该抓住对方的软肋，从而占据主动位置，让自己得以控制和影响对方。当然，在日常的说服工作中，千万不要随随便便就要挟他人，要知道要挟一旦不成功，就会彻底失去效用。从另一个角度而言，要挟也是无能者的所为。只要找到对方的弱点，除了要挟，还有很多卓有成效的方法可以采用，唯有多多用心，才能事半功倍。

以退为进，学会示弱

有人把以退为进和胆小怯懦混为一谈，觉得不管出于何种原因的让步都是退步，都是胆怯的表现。实际上，以退为进并非胆小怯懦，因为这两者之间有着本质的区别。以退为进是为了更好地进步，是一种积极的策略，而胆小怯懦却是软弱可欺的表现，是不值得提倡的。

现实生活中，人人都会遭遇坎坷挫折，胆小怯懦的人只会盲目避让，根本不会积极地想办法解决问题。而勇敢无畏的人会想方设法解决问题，在找到有效解决问题的方法之前，他们还会果断地采取退步的方式，从而争取得到对方的信任，也能够为自己赢得更多的时间和空间，帮助自己获得胜算。

作为山神的宠物，整日与山神在一起，老鼠感到很无聊，因而想方设法请求山神放它下山，成为大森林里一个普通的动物，享受平凡而又琐碎的快乐。山神当然不能轻易答应老鼠的请求，因而对老鼠说："你想变成普通的动物当然可以，但是如果你想回到我的身边，就必须战胜大象。否则，你只能永远留在森林里，和其他动物一样面对生存的威胁，感受生死的轮回。"为了当即下山，老鼠几乎不假思索答应了山神的条件。然而，真正来到大森林之后，老鼠简直把肠子都悔青了。原来，森林里大多数动物都比老鼠强壮，尤其是大象，简直就像一座山。老鼠这才知道自己的渺小，很后悔自己轻率地来到森林里，这下想回去都很难了。

在饱尝生存的艰难之后，老鼠决定回到山神身边。但是，大象不费吹灰之力就能打败它，这可怎么好呢？老鼠决定不与大象硬拼，而是采取智取的方式。老鼠小心翼翼钻入大象的长鼻子里，蹑手蹑脚往大象的鼻腔深处走去。才走了没多远，大象就觉得痒痒而打了一个超级大喷嚏，老鼠马上就被气流冲入半天空，又重重地摔到地上，骨头都快散架了。此后，大象把老鼠当成敌人，一见到老鼠就想踩死它，老鼠呢，很清楚自己的分量，因而总是故意躲着大象。直到有一天，大象掉入猎人的陷阱。看着大象被困在陷阱里无法动弹，老鼠决定钻入大象的要害部位，咬死大象。然而当看到大象束手无策的样子时，老鼠又心软了，因而它决定咬断绳索，帮助大象逃脱。老鼠用锋利的牙齿咬啊咬啊，终于把结实的绳索咬断了，大象一发力，挣脱绳索逃走了。从此之后，老鼠和大象成了好朋友。这个时候，山神对老鼠说："你已经战胜大象了。"老鼠很奇怪："但是，我根本不可能战胜大象啊！"山神说："原本，大象是你的敌人，如今，大象却是你的朋友。把敌人变成朋友，就是最大的胜利啊！"

面对强大的大象，老鼠感到束手无策，也因为盲目钻入大象的鼻子，而被大象仇恨和追杀。当看到大象落难的时候，老鼠却没有趁机杀死大象，而是可怜大象，拼尽全力帮助大象。没想到，大象在得到老鼠的帮助逃脱困境之后，把老鼠当作了朋友。山神说得很有道理，如果能把敌人变成朋友，那么就是最大的胜利。

现实生活中，人人都有目标，都希望自己能够如愿以偿获得成功。现实情况告诉我们，一个人如果总是争强好胜，而不懂得主动让步，未必能够获得成功。尤其是在强大的对手面前，只知道迎难而上，而不懂得灵活变通，往往会让事情变得非常糟糕，甚至还会因为不自量力而失去宝贵的性命。人们常说以卵击石就是说的这个意思。当觉得自己的力量与他人相差悬殊时，与其一味地蛮干硬干，不如调整策略，积极地示弱，从而为自己争取到更大的胜算。记住，以退为进是策略，而不是以真正的退步作为目的。做人要能屈能伸，才能游刃有余，也才能在残酷的局势面前超越自己，战胜敌人。

第6章

学处世增智慧，成长需要用心点儿

为人处世，是需要智慧的，一味地凭着无知四处冲撞，也许能误打误撞，有所收获，但是概率太低。如果能有的放矢提升和完善自己，也采取策略与他人建立友好邦交，相处更和谐融洽，那么相信在人情练达方面定会有大的收获。记住，做事应该留有余地，宽容他人就是宽宥自己，不把他人逼上死角，也给自己更大的回旋空间，这才是智者所为。

能力不足，用忠诚来弥补

现代社会，很多职场人士都知道能力的重要性，也知道如果没有能力，想在公司里站稳脚跟，为自己寻求一席之地是很难的。实际上，能力固然重要，也是职场人士出人头地的必备条件，但是在能力之前却还有一个先决条件，那就是忠诚。

如今，很多用人单位招聘员工时，不再把能力放在第一位，而是要求员工必须有优秀的品质，也做得起一个大写的人。这样的人进入公司之后即使能力不足，也会因为对公司忠心耿耿，而成为公司里的中坚力量。相反，一个人就算能力再强，但是却不能静下心来工作，也是不值得重用的。尤其是这个人对于公司非但不够忠诚，还时常心生叛逆，那么这个人对于公司而言更是毫无价值。因为没有人知道他什么时候就会背叛公司，甚至出卖公司的资源。众所周知，如今的商场如同战场，形势瞬息万变，如果公司的核心机密不小心被出卖，那么对于公司而言必将是致命的打击。在这种情况下，能力再强，又有什么用呢？

何为忠诚呢？提起“忠诚”二字，很多人都会想起古代的忠烈。现在正处于和平年代，忠诚似乎没有那么显而易见了。实际上，忠诚并不仅仅指的是对于国家和民族忠心耿耿，也指的是一个人不管身处顺境还是逆境，都能不忘初心，矢志不渝。忠诚既是对国家和民族，也是对企业或事业，还是对于某个人。人人都想得到忠诚的朋友，是因为真正忠诚的朋友，哪怕当你身处困厄，也依然对你不离不弃，绝不轻易离开你的身边。在如今的职场上，忠诚更是不可多得的优秀品质，也是一个企业能够长久生存、历经风雨磨难依然坚强挺立的唯一原因。拥有忠诚的员工，企业即使暂时处于逆境，也能够渡过难关，最终收获满满。对于企业而言，忠诚的员工是最可贵的，不管这样的员工是否拥有超强的能力，都将会是企业的顶梁柱，是企业不可或缺的中坚力量。

现代社会很多思想和潮流的观点相互冲击，而忠诚则能让我们屹立于瞬息万变的情势之中，绝不随波逐流。不管什么时候，我们都要坚定自己的立场，更不要忘记自己对于他人的承诺。当我们对朋友忠诚，朋友就会回馈给我们深厚的友谊；当我们对亲人忠诚，亲人就会告诉我们什么叫作血浓于水；当我们对人生忠诚，人生也会告诉我们任何付出都有回报。需要注意的是，所谓的忠诚并不是盲目地死守信条。就像人们所说的孝顺也有理智的孝顺和愚孝之分一样，死守信条是愚昧的忠诚。

现代社会，所谓忠诚并非从一而终，而是高度的责任感和优秀的品质的表现。尤其是在竞争激烈的职场上，一个人如果缺乏责任心，也才疏学浅，那么就无法表现出忠诚，更不可能获得长久的发展。也可以说，人立足现代职场的根基就是责任感与忠诚，唯有真正地对自己忠诚，我们才值得别人信任和托付。相反，一个人如果没有忠诚的品质和精神，他们对于自己的人生也会很不负责任。现实生活中，很多人遇到小小的困难和挫折就会放弃努力，实际上正是对自己不忠诚的表现。试想，一个人如果不能忠诚地对待自己，还能忠诚地对待谁呢？

忠诚不是一句简简单单的口号，而是要付诸实际行动的。要想成为忠诚的人，我们还要避免轻易对他人许诺。很多人都习惯把诺言挂在嘴边，却不知道诺言并非只是简单说说就好的，唯有说出来并且能够兑现的话，才称得上诺言。古人云，一诺千金。所以，我们应该惜诺如金，绝不轻易许诺，一旦许诺就必须信守承诺。

从本质上而言，忠诚还是一种美德，一种精神，更是一种灵魂。人并不会无缘无故就对某个人或者某份工作忠诚，必须深入挖掘自己内心的所求，才能最大限度地满足自己对于忠诚的追求。尤其是在现实生活和工作中，每个人都扮演着各不相同的角色，有的时候，一个人往往身兼数职，既是儿子也是父亲，既是下属也是上司……这些多重多样的角色告诉每个人，要想真正实现忠诚，就要认清楚自己的身份和角色，以忠诚作为人生的动力源泉，支撑人生不断地努力奋进，向前再向前。

每个人都是完美团队的一员

尽管现代社会不主张个人英雄主义，但是依然有很多人自以为是，一旦所处的团队取得了一定的成就，就把这些成就统统归在自己的身上，变得沾沾自喜、骄傲自大。殊不知，一滴水只有在大海的怀抱里才能更加丰盈，一个人唯有在团队之中才能变得优秀和出类拔萃。反之，假如一个人总是觉得天地之间自己最大，而且不把任何合作伙伴和团队成员看在眼里，那么他们最终会失去自我，也因为狂妄自大而失去原本拥有的舞台。

现代职场上，尤其讲究合作精神。这是因为现代职场的很多工作都分工清晰，从而要求不同岗位的工作人员密切合作，这样才能最大限度地发挥每个人螺丝钉的作用，为团队的成功贡献出属于自己的一份力量。常言道，地球离了谁都照常转，这就要求每个人摆正自己的位置，不要盲目骄傲自大，更不要把自己看得太高，因而导致迷失自我。苏轼在诗句里曾经说过，又恐琼楼玉宇，高处不胜寒，就告诉我们人不应该自视甚高。还有人说，木秀于林，风必摧之，也告诫人们要低调做人的道理。

从更宽泛的角度而言，这个世界上有太多优秀的人才，没有任何人是不可取代的。所谓山外有人，天外有天，知识是无穷无尽的，每个人唯有激发出自身的潜能，在求知的道路上始终怀着空杯心态，努力地向前，才有资格成为优秀团队的一员。否则别说是当个人英雄了，想融入团队都很困难。很久以前，就有故事告诉人们一根筷子易折断，十根筷子抱成团，可见虽然古代并没有明确提出团队合作的观念，但是人们已经拥有了人多力量大的基本理念。总而言之，一个人必须把自己和团队的事业融合起来，变成一体，才能最大限度地发挥自身的力量，创造生命的奇迹。

有一名德国年轻人专程来到美国留学，因为他想学习美国先进的文化和知识，从而改变命运。

有一家企业的计算机系统出现故障，特来学校求助，学校派出四人小组去给企业研发新系统。在这个四人小组中，因为德国青年的表现一直非常优秀，而且出类拔萃，学校特意指定让他当组长。入驻企业之后，德国青年肩负起重任，几乎以一人之力完成了全部工作。后来，企业测试了他们完成的新系统，感到运行流畅、效率倍增，因而专门给学校去信表示感谢。

回到学校后，德国青年踌躇满志，觉得学校一定会给予他很高的评分。出乎他的预料，评分出来了，他只得了四分，而另外三个几乎每天都无所事事的小组成员，却都得了五分。德国青年愤愤不平，当即去找学校理论。负责打分的老师说："他们三个人一致认为你在小组中没有贡献，而且还与他们格格不入。"德国青年更愤怒："老师，你可以去企业里问问负责人，这个系统是谁做出来的。"老师无奈地说："企业负责人的确对你赞不绝口，但是其他三个小组成员都……”老师的话还没说完，德国青年就开始抱怨起来：“他们居然说我没什么贡献，我每次叫他们开会，他们都推三阻四，分配给他们的程序，他们也写得乱七八糟。”老师听完德国青年的话，说：“不愿意开会，是因为他们都说你在会上一言堂，根本不在乎他们的发言。另外，他们的程序写得不好，你应该为他们批评指正，而不是代替他们重新完成，否则你们还怎么能成为一个团队呢？”德国青年还是想不明白，说：“还有个成员几乎没有任何贡献，为何他也能得到五分？”老师笑了，说：“那是因为其他两个成员认为这个成员的作用至关重要，正是因为他的沟通和团结，你们这个团队才没有在完成任务之前就分崩离析。”看着困惑的德国青年，老师语重心长地说：“只靠着个人英雄主义是无法完成大事的。去企业写程序，你也许能独自完成，但是在未来的人生中，你还会遇到各种各样复杂的情况，如果一味地依靠自己亲力亲为，我敢断言你就算累死，也无法把每件事情都做好。”

从德国青年的事例中我们不难知道，一个人如果没有大局意识，总是想要通过个人英雄主义就取得成功，哪怕付出了很多努力，也真的把事情做成了，但是却只有苦劳，没有功劳。这是因为他们的心中只有自己，更不愿意为了团队的进步而付出时间和精力。朋友们，一定要记住，现代社会不提倡个人英雄主义，每个人唯有最大限度地激发出自身的力量，也真正融入团队，为完成团队的艰巨工作任务而努力，才能赢得团队成员的肯定和认可，也会随着整个团队的进步不断进步，收获满满。

做一名学生在校园中学习，是低级阶段的学习，因为你只需凭着个人的努力就能获得进步。而一旦离开校园，步入社会，则需要进行高级阶段的学习，这时，人与人之间的合作就显得至关重要。每个人都离不开团队的支持，一个人要想创建属于自己的优秀团队，首先要有大局意识和精神，才能在团队之中起到带头作用，也真正把团队做大做强。很多人都打过篮球或者踢过足球，那么一定知道在球类竞技运动中，团队的力量是至关重要的。否则，一个人就算再强悍，也无法打过对方的团队，更不可能在竞技比赛中脱颖而出。然而，现实生活中，很多人会把团队精神抛之脑后，一心一意只想着自己的小小利益。在这种情况下，如何能够发挥团队的力量，获得真正的成功呢？记住，这个世界上没有任何人是绝对完美的，但是如果能够把不完美的人凝聚在一起，恰到好处地配合，则很容易缔造出完美的团队。尤其是在现代社会，人人都想出类拔萃，又都因为发现了自己的普通和平庸而感到遗憾。既然如此，就把自己融入团队，让自己成为完美团队的一员吧！

学会沟通，才能八面玲珑

现代职场上，只有能力而没有口才的人，显然再也吃不开了。人在职场，不但要与上司、下属进行沟通，以口才作为资本，在面对客户的时候，更是要发挥好口才的魅力，才能真正搞定客户，让自己的事业蒸蒸日上。几十年前，在计划经济时代，人们习惯于吃大锅饭，总是以勤勤勉勉的老黄牛形象来形容刻苦肯干的人。然而，几十年间人们的观念改变了很多，时代也在飞速地发展和进步，人在职场，再当老黄牛，也许付出了很多辛苦，却只能一直默默无闻下去，根本找不到翻身的机会。

人际关系被提升到前所未有的高度，甚至比能力、学识都更加重要。当一个人的能力如同茶壶里煮饺子倒不出来，则根本没有人会知道他们的才华，更没有人主动给予他们合理的位置让他们发挥自己的才能。所以最重要的是，要顺理成章地把自己肚子的“货”说出来。常言道，是金子总会发光的，酒香不怕巷子深。实际上，每个现代人都面临推销自己的问题，与其让自己被埋没，穷尽一生苦等千里马而不来，不如主动出击表现自己，也拓展人脉关系，说不定就遇到了伯乐！总而言之，人生如果静止不动，就相当于退步，人生唯有不断向前，才能勇往直前。每个人既不要因为先天的资源而妄自菲薄，也不要因为人生的困境而止步不前，任何时候都要保持进步的态势，当觉得人脉资源不够丰富时仍要主动出击，才能真正赢得人生的主动权，也帮助自己在人生中拥有杰出的表现和丰富的收获。

亨瑞出生于美国一个偏僻的乡村。他的父亲是一名钢铁工人，母亲没有正式的工作，只是临时的清洁工人。亨瑞几乎没有任何对自己有利的家庭背景。然而，亨瑞并没有重复父母的老路，而是在学习方面勤奋努力，最终获得了哈佛大学工商管理硕士学位。

大学毕业后，亨瑞进入一家著名的咨询公司工作，凭着在工作上的出色表现，没过多久，他就成为公司的合伙人。后来，亨瑞不满足于始终与他人合作，因而成立了自己的咨询公司，成为行业里的佼佼者。亨瑞为何能做到这一点呢？很多人都对此表示疑惑，因为他们都心知肚明亨瑞既没有显赫的家世，也没有与众不同的背景，如果一定要说他有什么，那就是他非常乐观开朗，善于与人沟通，而且结交了很多朋友。

亨瑞成功改变了自己的命运，是因为他从不迷信自己的命运，更坚定不移地要打破循父母老路的魔咒。他除了在学习上勤奋努力之外，更看重结交朋友，与陌生人打交道，积累丰富的人脉资源。正因为如此，他才能年轻有为，成为行业里的佼佼者，也才能真正摆脱贫穷的命运，成为人生的主宰。

现代社会正处于信息大爆炸的时代，很多时候，能否及时得到有效的信息，甚至决定了人们能否获得成功。所以，每个人要想成功，就要意识到自己并不比别人缺少什么，甚至还能因为努力而真正得到丰富的人脉关系，从而使得人际交往获得更积极的进步。当然，成功从来不是求来的，也不能一蹴而就。每个人都不要忘记自己的目标，避免带着急功近利的心面对生活，才能让自己脚踏实地努力，怀着淡然的心境等待积累得来的成功。最重要的在于，不要错过重要的资讯，要每时每刻都与外界保持密切联系，才能得到最新的消息。有的时候，改变命运的并非是某些关键时刻，而有可能只是一条无意间得到的信息。

要想成为处处受人欢迎的社交达人，只闷在家里是不够的。也许有朋友会说自己很忙碌，根本没有时间专门结识那些陌生人，其实没关系，哪怕是零碎的时间，也依然会给人们建立良好的人脉圈子提供可能性。例如每天的午餐时间，最好不要一个人独享，不管是与客户还是与同事共同进餐，都是很不错的选择。假如一个人中午时分总是孤零零地吃午餐，可想而知这样的人是很孤僻的，也是与他人格格不入的，根本不可能拥有好人缘。把自己孤立起来，对于建立人际关系绝不是好主意。很多细心的人都会发现，许多成功人士都很善于社交，他们之中的很多人甚至把社交作为自己事业的发源地，这是有据可循的，也是值得每一个人借鉴的。

人是群居性动物，每个人都要生活在人群之中，而不能一味地沉浸在自己的世界里，对于外界不管不顾。记住，只有融入人际圈子里，你才有可能成为小宇宙的中心，也才有可能在为难的时候求助他人，在需要的时候从朋友那里得到第一手的帮助。这些对于你的人生而言，都是至关重要的。

真诚待人，得到他人真心相待

现实生活中，很多人因为虚荣或者攀比心理，总是喜欢吹嘘自己。他们已经完全忘记如何尊重事实去表达，而在长期夸大其词的过程中，把夸张变成了说话的常态，把对他人的虚情假意当成人际交往的基础。可想而知，在这种情况下，也许他们一开始还能结交到朋友，但是随着时间的流逝，其他人会了解他们的性格，就会对他们的说话风格心有余悸，因而不自觉地疏远他们。可想而知，在这种情况下，他们一定人缘很差，也很难如愿以偿结交到朋友。

尤其是在他人遇到危难时，有些人虽然能够主动给予他人帮助，但是却恨不得把自己当成救世主，把自己对于他人的小小帮助时刻挂在嘴边。实际上，这样的行为对于他人而言完全是负担，而不能真正给他人减轻负担。真正帮助他人的人，会把自己对他人的好处和帮助缩小，以免他人因此而心中感到沉重。对于特意给他人提供的帮助，他们也会说成是举手之劳，如此一来，他人才会感到相对轻松，而对于他们的感激之情却不会因为这样的缩小而减少。

人人都想与他人搞好关系，建立友好邦交。实际上，人际关系的处理说难很难，说简单也很简单。只要内心谦逊，不对他人趾高气扬，就很容易得到他人的同样对待。所谓两好换一好，可想而知两个彼此真诚相待的人之间，产生友谊也是水到渠成的事情。当然，最重要的是先从自身做起，才能最大限度地敞开心扉，也赢得他人的真心。

约翰是地地道道的英国人，凭着辛苦和努力渐渐积累了微薄的资本，开了一家手工作坊。原本，他可以进入良性经营的循环，不断地积累资本，扩大经营，最终成为实力雄厚的大资本家。然而，正当约翰对于未来充满希望时，经济危机突然来袭，他和很多小业主一样无法逃避地陷入困境。他的手工作坊里堆积了很多产品，却卖不出去，而物价暴涨又导致生活成本和经营成本激增，这几乎使他在很短的时间内就无以为继，面临破产。为此，身边的人都劝说约翰赶紧辞退员工，关掉作坊，从而节省经营的开支，至少能及时止损。约翰思来想去也没有更好的办法，只好决定关闭作坊。

得知约翰的决定，老约翰第二天一大早就赶到办公室，并且当即命令约翰一定要马上改变主意，另做打算。约翰好不容易才下定决心，当然不愿意这么做。在约翰的抗命下，老约翰当即决定亲自处理事务，先让约翰下岗了。午餐时分，老约翰去了食堂，发现工人们全都如同霜打了的茄子，面对眼前的白水煮青菜，全都毫无胃口。老约翰当即派人去外面的饭店打包回来美味的肉食，花了整整10个英镑。在当时，10个英镑可不是个小数目，老约翰告诉工人们："工厂不会倒，我还有点儿养老钱，以后每天中午都会为大家供应10英镑的肉食，直到工厂起死回生。"老约翰的话重拾了工人们的信心，在每天10英镑肉类食物的支撑下，濒临倒闭的工厂因为工人们万众一心，渐渐地恢复了生机。

毫无疑问，和约翰相比，老约翰更懂得经营之道，所以才会从10英镑的肉类食物做起，打动了工人们的心，也激发了工人们与工厂共渡难关的热情。如果按约翰的做法裁掉所有的工人，关闭工厂，那么工厂就彻底结束了。越是在艰难的处境中，人们越是珍惜情谊，正因为如此，大家才会说雪中送炭远远超过锦上添花。尽管对于买肉类食物而言，10英镑是很多的，但是对于工人的万众一心，10英镑只是小小的付出，却能取得最佳的效果。这是因为10英镑投资的是人的感情，是用于打动人心的。常言道，人心齐，泰山移，这就告诉我们一定要笼络人心，让所有的团队成员都万众一心，才能创造奇迹。

不管是与工人相处，还是与朋友、亲人相处，感情都是人际交往的基础。很多人之所以害怕和陌生人打交道，就是因为与陌生人之间没有感情基础，一旦发生小小的矛盾或者误解都很难消除。而与熟悉的人则截然不同，这是因为熟悉的人之间彼此了解，而且还有感情基础，哪怕有些小小的摩擦或者误解，也能够坦诚相见，及时消除。这样一来，交往自然会变得更顺利。

对于做生意的人而言，最担心的就是人心不齐。那么，如何能让人心凝聚成一股绳呢？最重要的在于人情。虽然生意场上都讲究钱，但是归根结底人是感情动物，有感情在，很多事情就水到渠成。明智的企业家会对下属多情，尤其是在下属需要的时候雪中送炭，以此笼络下属的心，让下属对自己忠心耿耿。

嘲笑别人也是贬低自己

现实生活中，人人都知道笑容的意义非凡，也因而对于笑容有着独特的见解和理解。殊不知，笑容尽管大多数时候都能发挥积极正向的作用，但是在很多特殊的场合，却会发挥负面消极的作用，那就是当真诚的笑容变成无情的嘲笑和冷嘲热讽时。

人都有攀比的心理，也都爱慕虚荣，这使得很多人即使被欲望和嫉妒蒙蔽了眼睛，也总是因为自觉比他人略高一筹，就无情地嘲笑他人。嘲笑他人到底能带来什么好处呢？除了使他人内心痛苦，心生憎恨之外，可以说没有任何好处。从人品的角度而言，嘲笑他人的人总是心胸狭隘的，满心只看到别人的缺点和不足，却不知道自己也是有很多缺陷需要弥补的。他们肆无忌惮嘲笑他人时，也无形中贬低了自己，暴露出自己的目光短浅。

曾经有人说，每个人眼中的世界都取决于他们的心。当一个人发自内心地尊重他人，才能得到他人的尊重。当一个人从不嘲笑或者贬低他人，那么他身边的人也会这样对待他。相反，一个人总是嘲笑他人，也会遭到他人无情地嘲弄。既然嘲笑他人于人于己都是不利的，还有什么必要非要嘲笑他人，也让自己贻笑大方呢？有些人因为无情地嘲笑他人，还会害得自己失去性命，不得不说损失惨重。

战国时期，平原君赵胜的家地势很高，位于普通老百姓的房子上面，因而对于相邻人家的一举一动，赵家都看得清清楚楚。

赵胜的邻居是个瘸子，每天都要挑着水桶，一瘸一拐地去村头的井里打水。平原君宠爱的小妾就住在楼上，因而每当看到瘸子滑稽的样子，总是忍俊不禁，还会对瘸子冷嘲热讽。瘸子在几次三番被嘲笑之后，来到平原君家里向平原君告状：“人们都说您看低女人，唯独爱才，所以才有那么多的贤明之士不远千里来投奔您。我虽然是个瘸子，却不想遭到您的后宫耻笑，我想让您砍掉那个女人的脑袋。”对于邻居的请求，平原君不假思索地答应了，但是此后却将这件事情抛之脑后，根本没有对小妾进行任何惩罚。

一年过去了，平原君的门客越来越少。平原君百思不得其解，因而找到一个贴心的门客询问原因：“为何门客们都离我而去呢？”门客告诉平原君：“因为您的小妾嘲笑了瘸子，而您并没有如同承诺的那样割掉她的头。所以门客们都觉得您浪得虚名，原来您并不是看低女人而唯独爱才的人。”得知原因，平原君当即决定杀死小妾，并亲自带着小妾的脑袋去邻居家里请罪。很快，这件事情传遍天下，天下的有才之士都来投奔平原君，平原君的门客比以前更多了。

小妾正是因为肆无忌惮嘲笑瘸子邻居，所以才招致杀身之祸。假如小妾能够体谅瘸子邻居的为难处境，而口下留德，就不会落得这样的下场。常言道，宽容别人就是宽宥自己，同样的道理，嘲笑他人就是贬低自己。

常言道，言多必失，祸从口出。明智的人会管好自己的嘴巴，不会让嘴巴失去把门的，逮住什么话就说什么话。

谎言并非都是恶意

生活中，时常有谎言来侵扰，很多人一听到“谎言”二字，都会非常反感。殊不知，谎言并非都是恶意的，很多情况下，谎言也可能是善意的。所以在对待他人的谎言时，一定要学会区分，才能理性对待。

恶意的谎言总是给人带来伤害，善意的谎言则让人感受到生活的温情。很多人都特别纯粹，总觉得凡事都是非黑即白的。实际上，很多事情都不能以黑白论处，尤其是当事情的发生超出人们的想象时，往往亲眼看到的未必是真的，亲耳听到的也未必也真的，只有用心去感知，才能拨开谎言的迷雾，看到谎言的真相。

周末，爸爸带着晓雪去朋友家里做客。到了朋友家，父亲坐在沙发上，朋友赶紧去给父亲倒茶水。然而，正在朋友拿来热水瓶时，突然想起来自己忘记拿出最好的茶叶，因而仓促地把热水瓶放到地上，就去书房取茶叶。这个时候，晓雪站在阳台上看花朵。没过多会儿，晓雪突然听到一声沉闷的响声，就像有个东西瓮声瓮气爆炸了一样。晓雪赶紧回头去看，发现水瓶里的水洒了一地，而且还冒着蒸腾的热气呢！爸爸正坐在沙发上，也一脸茫然，根本不知道发生了什么。

朋友听到响声，拿着茶叶赶紧走到客厅。看着地上的一摊热水，朋友赶紧说："没关系的，没关系的。"爸爸张了张嘴，想说什么，思忖再三，还是什么都没有说。看到朋友在收拾破碎的水瓶，爸爸也赶紧帮忙，一边帮忙一边说："不好意思，我不小心碰倒了水瓶。"朋友依然一连声地说："没关系的，没关系的。"

从朋友家里告辞，晓雪疑惑地问爸爸："爸爸，你刚才明明没有碰水瓶啊，为何说是自己碰倒的呢？"爸爸笑着说："虽然我没有碰，但是水瓶自己倒地的概率很低，与其说是因为地不平，还不如说是我碰倒的呢，这样更令主人信服。而且，就算是说我碰倒的，也没有什么后果啊，何乐而不为呢！"晓雪很困惑："但是明明就是水瓶自己倒地的，应该是叔叔放水瓶的时候就没有放好。"爸爸笑了："很多情况下，真相未必令人信服，而且这也不是需要据理力争的事情，我没有必要非说出真相，让主人心中不舒服！"晓雪似懂非懂，陷入沉思。

现实生活中，很多人都喜欢说谎，大多数人说谎是出于恶意，而少部分人说谎则是因为善意。面对善意的谎言，一定要弄清楚说谎者的初衷，而不要一味地对这些谎言嗤之以鼻，甚至勃然大怒。或者就像事例中晓雪的爸爸一样，他说谎是为了让朋友心中舒服一些，也可以说善意的谎言。总而言之，不论是作为主动说谎者，还是被动接受谎言者，都要区分谎言的善意和恶意，才能更好地接受谎言，也才能让善意的谎言给世界带来更多温暖。

最常见的善意谎言，是对于那些内心不够坚强而又身患绝症的人，家人往往会选择隐瞒病情。也许很多理性的朋友认为当事人是有权利知道真相的，但是事实却是，只有坚强而有理性的人才能承受这样的打击，而内心脆弱、敏感细腻的人，不知道真相也许更好，反而活得开心，也因为内心毫无压力，而有效延长生命。总而言之，在现实生活中，善意的谎言往往会起到让人意想不到的效果，总是能够给人带来希望，让人心怀感激，也能有效润滑人际关系。所以，在必要的情况下，适当说谎比说出残酷的真相更好，至少能保护他人敏感脆弱的心灵。

第7章

既宽容也谦虚，大事都由点滴累积

做人如果只知道斤斤计较，是不可能得到幸福的。唯有保持宽容的内心，对任何事情都胸怀广阔，才能原谅别人，也宽宥自己。在人生的道路上，每个人要想不断前行，还需要坚持学习。如果像一杯装满的水，再也装不下任何东西，是不可能获得成功的。人人都羡慕成功者的光鲜亮丽，却不知道成功者正是因为能像海绵吸收水分一样汲取知识和生命的养分，才能获得自己梦寐以求的生活。

告诉自己：我所知甚少

对于每个人而言，最可怕的是什么？是骄傲自大，盲目自满。任何情况下，每个人唯有打开心灵的枷锁，让自己从容应对生命，也怀着空杯心态努力学习，给予生命更多的可能性，才能坚持进步、不断进取，也才能在生命中空虚的时刻保持上进心，从而给予生命更多的可能性，让生命萌发出创造力，收获幸福美满。

一个人也许会有很多东西都不懂，也不了解很多领域的知识，这都没有关系。在浩瀚的知识海洋里，不懂和不知道完全是正常现象。然而，如果一个人不知道自己所知甚少，就会变得很可怕。因为这样一来他们会盲目自信，也会因为无知而导致自己止步不前。一旦停下学习的脚步，他们就会继续无知，更不知道主动学习，努力提升自己。

宋朝时期，宰相王安石老年时居住在金陵，尤其喜欢一个人游山玩水，亲近自然。一天，王安石又去山里散步，路上遇到十几个人正在山道旁的树荫下谈论文学。王安石感到很有兴趣，因而凑过去坐在不远处的石头上歇脚，顺便也听听这些人的高见。看到王安石虚心好学的样子，又看到王安石一身粗布衣服，有个年轻人就以不屑一顾的神情问王安石："你能听懂吗？我们说的可都是文学啊！"王安石笑了笑，一声不吭。年轻人继续说道："听不懂就不要在这里听了，有这时间还不如去多砍些柴火呢！"王安石谦虚地说："我只是略懂皮毛。"年轻人听到王安石的话，依然不屑一顾地说："既然略懂，不如报上名号来，让我听听。"

王安石谦虚地自我介绍，众人才知道眼前的这个人就是大名鼎鼎的王安石，赶紧站起来纷纷向王安石行礼。在这些晚生后辈的请教下，王安石丝毫没有大文学家的架子，而是耐心的有问必答，得到了众人的高度赞誉。

作为大名鼎鼎的文学家，王安石非常低调，只说自己略懂皮毛。在王安石的谦虚之下，相信那些年轻人也会受到教诲，以后再也不妄自尊大。一个人在苍茫的宇宙间，只是沧海一粟，如同最微小的尘埃。面对广阔的大自然，每个人需要学习的东西还有很多，不管什么时候都要保持谦虚的心态，才能最大限度激发出自身的潜能，让自己更加努力学习，昂扬向上。

一个人知道得少，就会觉得自己很满，而知道得越多，就会越感觉到自己的渺小无知，也会越谦虚。每个人所知道的都是圆圈里的那些东西，而圆圈外广博的世界，才是真正需要不断学习和深入钻研的。不管什么时候，每个人都应该告诉自己：我只懂一点点。唯有如此，才能在人生的道路上越走越远。

夹起尾巴，低调做人

人们常说，做人要低调，做事要高调。其实，不管做人做事，都应该低调，所谓木秀于林风必摧之，一个人风头太旺，总是不好的。尤其是在现代社会，整个时代发展的速度都越来越快，有些人就变得有些浮躁。在这种情况下，唯有保持谦虚低调，才能不断砥砺前行。如果总是高高地翘起尾巴，不但不能秀出自己的精彩，反而有可能招致他人的嫉恨，导致人生遭受重重阻力。

需要注意的是，很多人都以为所谓低调就是软弱，所谓夹起尾巴做人，就是怯懦。从本质上而言，低调和软弱截然不同，低调是不断地积蓄力量，蓄势而发，这样才能做到后发制人。而软弱怯懦则是自卑，是缺乏自信，是盲目否定自己。记住，锋芒毕露的人未必是真正有实力的，而低调内敛的人也未必就是缺乏实力的。任何情况下，必须保持谦虚谨慎，才能真正激发自身的潜能，爆发巨大的力量，也才能在人生的道路上稳步向前，绝不退缩。

细心的人会发现，自古以来，很多成功人士、伟大人士，都具有谦虚低调的品质。他们不管是做人做事，都会收敛锋芒，而把所有的力量都用来提升自我。尤其是在为人处世方面，他们更不会自高自大，而是始终谦虚地倾听他人的意见和建议，也坚持提升和完善自己。正因为如此，他们的实力才会持续增强，他们的人际关系也才越来越好。

商汤是一位很有修养的君主，做人总是保持谦虚低调，是真正的君子。有一次，商汤从全国调集来最优秀的木匠，请他们先在自己的住处刻字，然后再去宫殿里刻字。大家都不知道商汤的用意，因而表现出迷惘的神情。商汤似乎看出了木匠们的困惑，因而向他们解释："一国之君不能骄奢淫逸，我要刻字警醒自己，就在用餐的地方刻上'珍惜食物'，在就寝的地方刻上'日日勤政'，在清洁处刻上'苟日新，日日新，又日新'。"听了商汤的话，工匠们全都对商汤肃然起敬。

自古以来，骄奢淫逸的君主都容易亡国，商汤正是认识到这一点，才能始终保持清醒的头脑，又在各个地方刻上警醒的字句，以便时时刻刻提醒自己，告诫自己要勤政爱民、廉洁奉公。实际上，不仅是君主需要警醒自己，作为普通人，我们更要时刻提醒自己保持谦虚低调的姿态，夹起尾巴做人，才能小心驶得万年船。

常言道，水满则溢。同样的道理，做人如果内心太满，则无法再容纳更多的知识和道理。一个人必须更加坚定不移走好人生之路，才能在必要的时刻保持警醒，也才能时刻吸收外界的知识和养分。众所周知，大海在地球上地势较低，却占据很大的面积。这正是因为大海地处最低处，才能始终容纳百川。做人也该把自己放低，这样才有更多的空间去进步，如果做人做事总是高调张扬，最终的结果就是招人厌烦，也会使人生在过度自满的状态下变得无以为继。

弯腰攀登，才能到达人生巅峰

记得西方国家曾经有一个居心叵测的记者问周总理：“为何你们走的路叫马路，而且走路的时候总是低着头呢？”周总理对于这个不怀好意的挑衅提问，坦然回答：“因为我们走的是上坡路，所以要弯腰低头，而有些国家走的是下坡路，才会趾高气扬。”这个回答非常有力地回击了记者的挑衅。事实的确如此，如果走的是下坡路，则很容易昂起头，一溜小跑向下。而如果走的是上坡路，则必须低下头，弯下腰，这样才便于使劲，也才能不断地奋勇向前。

在这个世界上，人人都想攀登成功的顶峰，却不知道成功从来不是一蹴而就的，而是需要点点滴滴积累，才能距离成功越来越近。自古以来，很多成功人士非但没有得到命运的偏爱，反而饱经磨难，从而在磨难中奋进。正如古人所说，天将降大任于斯人也，必先苦其心志，劳其筋骨，饿其体肤，空乏其身，行拂乱其所为，所以动心忍性，曾益其所不能。唯有如此，才能承担大任，也让人生截然不同。实际上，命运从来不会向我们妥协。每个人要想征服命运，成为命运的主宰，就必须非常努力，绝不能有片刻松懈。

在人生之中，一个人如果不能改变外界的环境，就要努力改变自身。唯有不断地协调和调整自身，才能在最艰难的时刻保持积极奋进的姿态。如果一味地抱怨命运，走人生的下坡路，还谈何进步呢！

经历了一场可怕的暴风雨之后，一棵挺拔的橡树惨遭摧残，被连根拔起，掉落在湍急的河水中。橡树顺流而下，却惊讶地发现河岸两旁长满了细细的芦苇。随着大风吹过，这些芦苇不断地弯腰，随着风摇摆，却始终没有倒下。橡树惊讶极了，问芦苇：“风暴那么大，你们又是这么纤细脆弱，到底是如何活下来的呢？”芦苇细声细气地说：“我们正因为纤细脆弱，所以才会随风摇摆，也就避免被连根拔起的厄运。”

芦苇的话让橡树陷入沉思，再观察芦苇顺从着风向摇摆的样子，橡树恍然大悟：“原来在风的力量下，要学会弯腰，才能保存自己，也才能拥有机会存活下来。”

人生之中，人人都有可能遭受厄运，也会经历风风雨雨。与其与风雨违抗，损伤实力，不如顺应风雨，等到风雨过后找机会再次把根扎深，这样才能让人生有好的发展。记住，人生的成功并非在朝夕之间，要想获得成功，就必须始终保持谦虚的姿态，弯下腰，努力向上攀登，才有可能到达人生的巅峰。尤其是在遭遇人生中突如其来的困境时，与其一味地悲观绝望，不如学会妥协和退步，从而才能绕道而行，给予人生成功的机会和可能性。

在现实生活中，我们固然要强调自身的长处与优势，但是也不要忘记自身的短处和劣势。唯有不断地奋发向上，奋勇向前，我们才能在人生的道路上走得更长远。记住，要想成为人生的强者，不但要在竞争中激烈抗争，也要学会适度妥协。尤其是现代社会竞争激烈，每个人要想在人生之中获得成功，就要积极参与竞争，也要在生活中学会圆滑。对于生活而言，妥协既是宽容，也是本质，唯有学会妥协，一个人才能在人生道路上走得更远、走得更好。

激励自己，给自己鼓劲

当一颗珍珠被埋藏在海底，这颗珍珠的价值和尚未进入河蚌体内的一颗沙子的价值相同。唯有被打捞出海底，这颗珍珠的价值才被世人认识到。同样的道理，一个人即使能力再强，如果始终得不到机会表现自己，更无法证实自己的价值，那么他们就会失去价值，也会在人生的道路上迷失自我。由此可见，一个人要想获得成功，最重要的是不要自我否定、自我放逐，而要激励自己，给自己鼓劲，让自己始终有勇气面对未来，这样才能在人生的道路上不断奋勇向前，也才能真正更加接近成功的巅峰。

现实生活中，之所以有些人获得了成功，而有些人总是与失败结缘，并非是因为他们的先天条件相差迥异，而只是因为他们对待失败的态度截然不同。真正的成功者总是能够激励自己，从不盲目地自我否定。越是在艰难的处境中，他们越是肯定自己，也相信自己有能力突破困境，开拓人生的崭新局面。正如著名的成功学大师卡耐基所说的，一个人唯有学会激励自己，才能摆脱平庸，也才能具有对生的驱动力。那么，一个人激励自己的力量究竟来源于何处呢？来源于内心的希望，来源于行动的果决力，更来源于坚定不移的自信。人生是需要打气筒的，否则在接二连三的挫折和磨难中，就会如同泄了气的皮球一样，根本无法真正收获成功。对于人生，激励并非像大多数人所想的那样是形式主义，而是拥有很强大的作用，能够不断地推动人生向前，让人生充满源源不断的动力。要记住，激励拥有强大的力量，唯有在激励的作用下，每个人才能不断战胜困难，超越困境，也才能成功地改变自己，提升和完善自己。

从事推销员工作没多久，杰米就主动向老板申请辞职。老板不明就里，询问杰米原因，杰米沮气地说："我根本不适合从事推销工作。我都已经工作一个多月了，但是却没有任何成就。我觉得我应该找一份自己擅长的工作，而不要盲目地在这里浪费时间。"老板听到这样的丧气话，并没有责备杰米，而是当即非常肯定地对杰米说："杰米，你要相信，你确确实实很适合从事推销工作。我可以向你保证，如果你现在离开这里去推销，那么在这一天的时间里，你将会创造自己销售生涯的奇迹。你会发现你今天得到的订单，远远超过你一生之中的每一天。"看着老板坚定不移的眼神，杰米突然生出豪情，满怀斗志。杰米当即离开老板的办公室，背起自己的公文包，开始推销。

这一天里，杰米的耳边不停地回响着老板的话："我很适合从事推销工作，我今天将要创造奇迹。"就这样，杰米真的如同老板所说，他创造了自己销售生涯的奇迹，在这一天里得到了很多订单。而且，更让他惊讶的是，从那以后，他始终保持着很好的销售业绩，几乎天天如此。

在老板坚定不移的激励下，杰米也进行了自我激励，所以才能厚积薄发，在即将要放弃的那一刻选择不遗余力地努力，最终创造了销售生涯的奇迹，也让自己的人生从此彻底改变。对于自我激励，很多人都怀有误解，总觉得自我激励是形式主义，没有真正效果。其实不然。自我激励看似是形式主义，实际上却能起到很好的效果。一个人唯有发自内心相信自己，也真正拼尽全力激励自己，才能避免妄自菲薄，也才能真正改变自己的心态，让自己创造人生的奇迹。

很多人都发现，销售行业里，很多销售团队坚持每天晨会夕会，目的就是给予销售员更多的信心和斗志昂扬。这样的形式看似毫无作用，却真正起到了激励人心的作用。很多成功者之所以获得成功，并非因为他们独具天赋，也不是因为他们得到了命运的青睐，而只是因为他们不管是在取得一定成绩之时，还是在奋斗的过程中遭遇失败之时，都能斗志昂扬，绝不轻易向命运妥协。正是这样的坚定不移和勇往直前，他们才能在成功的道路上坚持奋进，绝不轻易放弃。从现在开始，朋友们，学着激励自己吧，你会发现当你对自己怀有极高的期望和最大的信心时，你的人生也会随之而改变！

拥有热情，才能点燃希望

在生命的旅程中，一个人如果总是昏昏欲睡，那么很难激发起自身所有的精神，更无法在人生中遭遇困境的时刻，也依然饱含力量，奋勇向前。对于这样乏力的人生，很多人都会感到无奈，毕竟人生道路上的进步，并非光靠想象就能得到，唯有不懈的努力，最大限度地坚持，还要拥有发自心底的热情，才能真正点燃希望，也才能让人生稳步向前，绝不停歇。

很多人对于人生都有无限的渴望，然而仅仅是空想并不能真正改变人生。要想让人生变得与众不同，除了要拥有能力、忠诚、优秀的品质等必备要素之外，还要拥有热情。热情能够激发人生的力量，能够让人在事业上有所作为，在人生的道路上奋勇向前。对于人生而言，成功并非一蹴而就，每个人都会遭遇风雨坎坷和泥泞，唯有不断地激励自己奋发向上，用热情点燃自己对于人生的信心，才能让自己满怀斗志，激情澎湃，也才能让他人受到感染。如此一来，当我们自身就是满怀热情、拥有力量的，而且也是能够坚持奋进的，那么人生就会变得截然不同。

细心的朋友会发现，古今中外，大多数能够在某些领域有所成就的人，都充满热情，且能在人生道路上奋勇向前。既然如此，作为普通人，如果我们想要成功，也希望拥有卓尔不凡的成功，还有什么理由不努力奋斗呢？一切伟大的人物都富有热情，正是热情激励着他们在奋斗的道路上不管遇到多少艰难坎坷都始终奋勇向前，绝不轻易放弃。

很久以前，有个商人因为决策失误，导致生意一落千丈，很快就家财散尽，成为不折不扣的穷人。为此，他心灰意冷，甚至想到结束自己的生命，对人生毫无希望和热情可言。然而，他把所有的钱都用于买墓地之后，因为政府要修路，他的墓地居然赶上拆迁，地价暴涨。就这样，他卖掉墓地，为自己赚取了落魄之后的第一桶金。从此之后，商人重新找回信心，对于做生意又充满了热情。他不止一次告诉自己：我运气还是很好的，居然连买墓地都能赚钱！从此之后，他开始做投资地产的生意，渐渐地开发房地产，没过几年就成为大名鼎鼎的房地产商，也赚得盆满钵满。

实际上，这个商人不是因为运气好才发财，而是因为他重新找回了勇气，获得了做生意的热情。这个世界不欢迎愁眉苦脸、冷若冰霜的人，因为他们带给身边人的也是沮丧和绝望，也是消沉和低落。在职场上，不管是作为上司还是下属，都不要总是愁眉不展的，否则就会无法真正融入团队，更不可能受到团队中人们的欢迎。

一个人要想获得成功，任何情况下都要保持饱满的热情，才能斗志昂扬，让自己始终处于兴奋的状态之中，让自己的内心充满渴望，让自己满怀热情，让自己动力十足奔向成功。发明大王爱迪生在迎娶新娘的时候都一心一意想着发明创造，正因为如此，他才能获得成功，也才能在发明的道路上走得更远。

对于每个人而言，如果说人生是油灯，那么热情则是油灯里的油，能够不断地供给油灯以燃料，让油灯保持燃烧的状态。可想而知，如果人生没有热情，一切将会变得多么可怕。要始终充满热情，才能发自内心热爱世界上的一切，也对自己所拥有的心怀感激。所以，我们要热爱生活，感恩自己拥有阳光雨露，也要热爱事业，这样才能饱含热情，在人生中重要的时刻屹立不倒。还要保持积极开朗的心态，用热情感染身边的人和事情，唯有为自己营造积极热情的氛围，才能在人生之中创造更多、拥有更多。

抱怨和争吵只会让事情更糟糕

现实生活中，很多人一旦遇到让自己不那么开心的事情，他们就会不停地抱怨，也会在人生道路上停滞不前。实际上，人生如同逆水行舟，不进则退，不管因为什么原因导致人生停止，都会让人生不可避免地退步。从这个角度而言，与其一味地抱怨命运不公，不如停止抱怨，把宝贵的时间和精力用于激励自己不断进步，这样反而会起到更好的效果。

抱怨有什么用处呢？只能暂时徒劳无益地发泄不满情绪，除此之外，对于解决问题没有任何好处。有的时候，抱怨还会导致人际关系受到损伤，使得人际关系变得恶劣。当对方听到抱怨也按捺不住情绪时，还会发生争吵，导致事件不断升级。这样的情况下，一切只会变得越来越糟糕，根本不可能有好转。总而言之，不管从哪个角度而言，抱怨和争吵都是毫无益处的，都需要及时制止，才能让一切变得更从容理性。

很久以前，有个老奶奶整日愁眉苦脸地坐在门口。一开始，邻居以为老奶奶有什么烦心事呢，直到有一天，邻居忍不住问老奶奶："老奶奶，今天天气这么好，阳光明媚，您为什么这么忧愁呢？"老奶奶说："天气虽然好，但是我女儿是卖伞的，这样一来，我女儿的伞就不好卖了。"邻居理解地安慰老奶奶："也是啊，天气好的日子，雨伞就派不上用场了。"

没过几天，下雨了，老奶奶依然满面愁容地坐在门口，邻居又问老奶奶："老奶奶，你这又是怎么了？为何还不开心呢？下雨了，你女儿的伞一定很好卖。"老奶奶说："我儿子是开染布坊的，一旦下雨，染布坊的生意就很差了。"邻居哑然失笑，对老奶奶说："但是，老奶奶，天气不是晴朗就是下雨，你这样整日忧愁也不能改变天气。你应该换个角度去想一想，天气好的时候，你儿子的染布坊生意很好。下雨的时候，你女儿的卖伞生意很好，这样一来，不管是晴天还是雨天，你家都有生意可做啊，多好！"邻居的一番话让老奶奶脸上阴云顿消，老奶奶高兴起来，再也不忧愁了。

很多时候就是如此，换一个角度考虑问题，不但消除了忧虑，也没有必要继续抱怨。任何情况下，我们都要学会开解自己，如果一味地陷入人生的死胡同之中无法自拔，只会导致事情变得更加糟糕，而对于解决问题根本没有任何好处。

常言道，人生不如意十之八九。对于每个人而言，人生都不可能是顺遂如意的，都要经历很多坎坷与挫折。当无法改变外界的情况时，最重要的就是改变自己，才能让一切更加朝着好的方向发展，也才能更加顺利。如果陷入无所谓的忧虑之中，则对于解决问题没有任何好处，如何能够给予人生不一样的未来呢！

第8章

广交友扩人脉，成功来得快一点

现代社会，人际关系已经被提升到前所未有的高度，人脉资源更是不容忽视的重要资源。尤其是在现代职场上，一个人要想得到好的发展，必须广泛结交朋友，所谓多条朋友多条路，这样才能距离成功越来越近，也才能得到更多的辅助力量。

相互信任，友谊之树常青

众所周知，相互尊重和信任是人际交往的基础，如果人们彼此之间相互猜忌，谁也不愿意相信谁，则会导致人际关系缺乏根基，也会使得人脉资源匮乏。猜疑是人与人相处的大忌，别说是普通的人际关系，哪怕是曾经以为爱情坚如磐石的夫妻之间，也会因为猜疑而导致彼此之间感情淡漠，关系疏远，让幸福和快乐突然间消失。由此可见，猜忌不但是人际交往的障碍，也是导致人际关系破裂的噩梦。

人为什么喜欢猜忌他人呢？最根本的原因在于缺乏沟通。沟通是人与人之间交流的桥梁，如果缺乏沟通，没有谁是谁肚子里的蛔虫，也必然变得疏远和隔阂。尤其是当人们彼此之间无法相互理解，谁也不知道谁的想法时，误解也就会由此而生。在现实生活中，很多人都对于自己的观点非常重视，甚至先入为主觉得自己就是绝对正确的，而因此忽视了对于客观事实的考量，不相信他人的见解也有可取之处，也不愿意改变想法接纳他人的意见。可想而知，这样的状态下，人际关系必然恶劣，无法做到相互信任，关系友好融洽。

很久以前，有一个叫智子的人上山砍柴之后回到家里，发下自己的斧头不见了。智子很确定自己已经把斧头和柴火一起带回家了，因而当即断定是邻居偷了他的斧头。他的理由很简单：邻居离他最近，所以才能在最短的时间里偷走斧头。虽然这样想，但智子并没有当面质问邻居，求证事实，而是偷偷地观察邻居，结果发现邻居的一举一动都很像小偷，因而更断言是邻居偷了他的斧头。为此，智子很生气，和邻居之间的关系急速恶化，还经常在背地里骂邻居呢！

没过几天，智子又上山砍柴，却在自己几天前下山走的一条小路上发现了斧头。原来，他的确把斧头和柴火一起背回家了，只不过斧头掉在半路上，而他却浑然不知。想到自己误解了邻居，智子觉得很惭愧，再回到家里之后，他不管怎么看，都觉得邻居不是小偷，而且还觉得邻居的面目可爱起来。

先入为主的观念是非常可怕的，因为这种观念会影响人们对于事实的判断，也会导致人们在面对很多事情时，都情不自禁将其朝着自己的主观推断靠拢。对于这样的行为，实际上是人们的潜意识在发挥作用，是人们在无意识的状态中为自己的判断寻找证据。直到最终事实证明人们的猜测是错误的之前，人们无法理智认识到自己的推断太过主观，也缺乏依据。为了避免犯这样的错误，在人际交往中，我们一定要减少对他人的猜忌，积极主动与他人沟通。特别是在产生误解的情况下，不要自己独自去推断，而是要调整好心态，从而才能尊重事实，信任他人。

在每个人的人生之中，信任都是一门必修课，而且是对人际关系起到重要作用的人生品质。一个人如果不信任他人，不但会扰乱自己的心绪，而且会导致自己对他人疑神疑鬼。可想而知，一个不断猜测他人的人，根本无法得到他人的信任，因为信任总是相互的，不可能是单方面的。在人与人之间，信任是金，尤其是在关系亲密的朋友和伴侣之间，更需要深厚的信任，才能彼此理解和托付。否则，猜忌就会像一剂腐蚀剂，导致信任消耗殆尽，也导致人际关系急速恶化。

学会把朋友分类

常言道，多个朋友多条路，多个敌人多堵墙。对于每个人而言，唯有多多结识朋友，才能不断拓展人脉关系，丰富人脉资源，也才能让人生的发展更加顺遂如意。尽管人人都想结交朋友，但是并非什么人都能做知心朋友。在封建社会，因为残酷的等级观念，人被分为三六九等，当然，这是错误的。在现代社会，已经完全实现人人平等，但是每个人对于朋友，还是应该适度分类，这样才能更好地管理自己的人脉资源，也才能给予朋友更周全的对待。

那么，如何给朋友分类呢？细心的朋友会发现，尽管友谊是纯洁的，但是很多号称是朋友的普通人脉关系中，人与人的关系还是非常微妙的。最好的朋友当然是纯粹的，他们彼此之间只有纯洁的友谊，心无芥蒂，相互信任，也无条件支持对方。这一类的朋友是真朋友，是值得用一生去相守的。当然，根据友情的深浅不一，这样的朋友也有微妙区分。除了这一大类的朋友，还有的朋友是功利性的朋友。提起功利性，相信有很多人都会觉得反感，认为朋友之间的友谊一定要纯洁无瑕，不沾染任何世俗的尘埃。别忘记，有人说过，这个世界上没有永远的敌人，只有永远的利益。既然如此，为何还要抱怨朋友对你怀有功利之心呢？从某个角度而言，朋友对你怀有功利之心也许是好事情，因为这样一来你与朋友之间的关系就会变得更加牢不可破，因为你们之间有共同的利益。

很多有钱人，身边也还时常环绕着很多酒肉朋友。为了能沾点光，捞点好处，这些酒肉朋友对于有钱人总是不断拍马溜须、阿谀奉承。毫无疑问，这样的朋友不是真正的朋友，一旦有钱人破产，他们就属于树倒猢狲散中的猢狲，马上就会逃得无影无踪。除此之外，还有点头之交的朋友，见面了有点头和打招呼的情分，分开了就彼此相忘于江湖。当然，一个人不可能要求所有的朋友都对自己推心置腹，甚至是刎颈之交。其实每个人都可以把自己的朋友分类，而自己在他人的朋友分类中也同样被归入各种类型。当对友谊有了一定的了解，把握好分寸，交朋友才能有的放矢，也能够区别对待朋友。

很久以前，两个年轻人结伴而行，徒步穿越森林。突然之间，一只强壮的狗熊从树丛里跑出来，对他们展开攻击。一个年轻人靠近高大的树木，因而赶紧爬到树上躲藏起来，而另一个年轻人因为距离大树很遥远，也没有得到同伴的援助，只好当即躺在地上，假装死去。

狗熊在这个年轻人的身上嗅了一会儿，看到年轻人一动不动，以为年轻人已经死了，因而很不满意地离开了。等到狗熊走得很远，树上的年轻人才下来，问躺在地上惊魂未定的年轻人："刚才狗熊趴在你耳边在干什么？"地上的年轻人说："狗熊告诉我一句话。"树上的年轻人很好奇，赶紧问："什么话？"地上的年轻人说："狗熊告诉我，在危险时刻抛弃朋友的人，不值得交往和信任。"

的确，在遇到危险的时候就把朋友弃之不顾的人，根本不配当朋友，也不值得真心相待。对于这样的人，只应该限于点头之交，而不能深入交往。由此可见，患难与共是真朋友的重要标准之一，如果失去忠诚，失去共度难关的决心，友谊也就不复存在。所谓路遥知马力，日久见人心，朋友之间更是患难见真情。

毫无疑问，对朋友进行分类并不容易，因为每个人都会情不自禁从主观角度出发考虑问题，而更多地站在自己的立场上做出选择。因而要对朋友分类，首先要客观公正地评价朋友，衡量友谊，否则当被所谓的友谊蒙蔽了眼睛，分类的工作也就会变得很艰难。尤其是对于敏感细腻、感情丰富的人而言，给朋友分类显得更困难。对于友谊，固然要真诚，也应该保持冷静和理智，才能更好地收获友谊，拥有友谊。

学会拒绝他人的不情之请

在与朋友相处的过程中，很多人不懂得如何拒绝。他们对于朋友的任何请求总是完全答应，哪怕是面对不情之请，也因为不好意思伤害朋友的面子，而勉为其难应承下来。这样自不量力地对朋友付出有很大的负面作用，首先即使能够真正帮助朋友，也会因为自己太吃力或者心不甘情不愿而让自己难受、别扭。其次，如果自己竭尽全力也没能圆满帮助朋友，则会因为耽误了时间而导致朋友错失解决问题的最佳时机，这样一来当然会招致朋友误解，也会影响友谊的小船。

真正的好朋友，固然要拼尽全力彼此帮助和扶持，但是也应该学会拒绝。每个人都要合理评价自身的能力，当觉得自己的能力不足以帮助朋友时，一定不要勉为其难，更不要为了帮助朋友而为难自己。每个人都是凡夫俗子，能力都是有限的，都不可能完全放弃自己的生活，而竭尽全力去帮助他人。明智的人知道，唯有在自己力所能及的范围内，才能真正帮助朋友，也唯有自己更好地生存，才有能力与朋友的交往。如果不自量力就接受朋友的一切请求，那么无疑会受到伤害，甚至好心反而办了坏事，导致事与愿违。

很多人都不懂得拒绝，尤其是对于朋友的求助，他们总觉得一旦拒绝就会招致朋友的不快。实际上，这样的想法完全是多虑的。以合适的方式拒绝朋友，反而是对自己和朋友负责任的态度。相反，如果总是对朋友有求必应，而能力又达不到，会使得自己很为难，无形中还会迁怒于朋友，或者因为耽误了朋友的事情，而遭到朋友埋怨，这样对友谊更不利。所以明智的人懂得拒绝朋友，更懂得衡量自己的力量，而不是盲目地就答应帮助朋友。

大学毕业后，好闺蜜乔乔回到家乡，静静则去了大城市打拼。没过几年，生活安稳的乔乔在父母的介绍下认识了现任男友，感情发展顺利，决定买房结婚。因为买房的钱还差一些，乔乔决定向远在千里之外的闺蜜静静求助。

接到乔乔的电话，静静其实很为难，因为静静尽管挣得多，但是在大城市开销也大，所以根本没有什么积蓄。然而，为了面子和义气，她还是当即答应借给乔乔5万元钱。挂断乔乔的电话，静静就开始打电话给父母、朋友甚至同事借钱，然而同事也都是月光族，父母的钱才刚刚买了理财产品也根本取不出来。静静很着急，想了很多办法都没有筹集到钱，又不好意思告诉乔乔。直到乔乔等着用钱来询问静静，静静才为难地告诉乔乔自己也没有钱，乔乔生气极了，说："你没钱至少应该早点儿告诉我啊，我这都等着交钱了，以为你这边完全没有问题，就没有想其他办法筹钱。这可怎么办，我明天就要交钱了！"后来，静静不知道乔乔是如何在那么短的时间里筹到钱的，她心里对乔乔很内疚，乔乔也的确很生气。

如果不是静静超出自己的力量而不假思索答应帮忙，正如乔乔所说的，乔乔至少有更多的时间想办法筹钱。就因为静静答应得很痛快，导致乔乔才会放心地等静静借钱给她，这使得乔乔非常被动。帮忙这件事情，搞不好就会事与愿违，好事变成坏事，所以明智的朋友不会随便允许他人什么，而是会客观评价自身的情况和能力，有的放矢给予他人帮助。

当然，求助者也应该摆正心态，要知道帮忙是人情，不帮忙是公道，在这个世界上除了父母会对我们无条件地付出，没有任何人必须对我们好。既然如此，作为当事人，我们也不要总是向他人求助，而要先权衡他人的能力和难处，再有的放矢求助，避免让他人感到为难。作为被求助者，拒绝他人时，更要讲究方式方法，而不要态度生硬，拒绝了他人也得罪了他人，那就得不偿失了。拒绝他人时，首先要有礼貌，要发自内心尊重他人；其次拒绝的态度一定要坚决，不要给对方留有任何幻想；再次为了让他人更容易接受拒绝，还要说明自己的实际情况，告诉对方自己的确是有迫不得已的苦衷；最后如果碍于情面不好意思当面拒绝，也可以通过电话、短信或者微信的方式拒绝，这样才能把事情处理得恰到好处。唯有做到这几点，才能让拒绝水到渠成，也不会因为拒绝而失去朋友。

批评你的人，才是真心为你好

历史上，魏征是有名的谏臣，他总是给李世民提出各种宝贵的意见，甚至还因此而惹怒了李世民。众所周知，伴君如伴虎，惹怒了君主对于大臣而言可是要掉脑袋的事情，但是魏征丝毫不感到畏惧，为了大唐盛世，他依然直言进谏。当然，李世民也是贤明的君主，从谏如流，所以才有日后的大唐盛世。等到魏征去世，李世民伤心地说："夫以铜为镜，可以正衣冠；以史为镜，可以知兴替；以人为镜，可以明得失。朕常保此三镜，以防止己过。今魏征殂逝，遂亡一镜矣！"李世民说自己失去了魏征，就如同失去了一面镜子，由此可见李世民对于魏征是多么看重，也可以看出李世民是一位非常贤明、从谏如流的君主。

现实生活中，有的人从朋友身上学到很多东西，得到朋友的相助，距离成功也越来越近；而有的人因为遇到损友而失败，甚至被朋友蒙蔽，被骗得倾家荡产。由此可见，和什么样的人做朋友很重要，交友不慎的结果是很严重的，当有损友相伴，人生想不走弯路都很困难。那么，到底怎样的朋友才算真正的好朋友呢？一味地说好听话的朋友，当然不是好朋友。相反，那些时刻想着为你指正错误和缺点的朋友，才是真正明智的朋友。面对形形色色的朋友，想要准确区分好坏是很艰难的，往往等到真正认清朋友的面目时，已经到了危难时刻，悔之晚矣。

喜欢批评你的朋友，尤其是在面对你的错误和缺点时，总是能毫不犹豫为你指出的朋友值得交往。和那些只会甜言蜜语的朋友相比，能够批评人的朋友当然使人觉得郁郁寡欢，甚至招人讨厌。但是从理智的角度而言，能够真诚批评你的朋友，才是真正为你好的朋友，也才能为你的人生纠正偏差，指出方向。

作为朋友，我们应该接受那些批评我们的人。遗憾的是，大多数人一听到他人对自己说好话，就会沾沾自喜，飘飘然，甚至晕头转向，分不清楚东南西北。尤其是在听到甜言蜜语时，一定要小心，因为大凡喜欢逢迎和溜须拍马的朋友，往往只是对你别有所图。相比起这样的人，那些真诚向你指出错误的朋友，尽管无法给你不切实际的良好感受，却能让你恢复理智，保持清醒。他们与你交往的目的不是从你身上获利，你见过哪一个急功近利的人会专拣难听的说，专门给你泼冷水呢？这样的朋友很像父母对子女一样毫无功利之心，哪怕得罪人，也要为你指出缺点和不足，让你有则改之，无则加勉。

常言道，爱之深责之切，这句话不但适用于父母与子女之间，也同样适用于朋友之间。任何时候，都不要故意惹恼朋友，也不要一味地阿谀奉承朋友。朋友在一起相依相伴，要相互照顾，彼此促进成长，而不是一味地只说好听话。好听话无法使人成长，只有痛定思痛，成长才能迅速，也才能立竿见影。

记住，责备出谏友，不管何时，都要珍惜那些经常批评你、直言不讳责备你的朋友，因为他们是你真正的朋友，是希望看到你进步，也亲眼见证你成功的人。

良言一句三冬暖，恶语伤人六月寒

常言道，良言一句三冬暖，恶语伤人六月寒。这句话告诉我们，一句话的作用影响很大，既能使人感到温暖，也能使人感到彻骨的寒冷，所以在与他人沟通的过程中，我们一定要重视语言的作用，而不要不假思索就说出某些话来。

现代社会，人人都知道人际沟通的重要作用，也知道人脉资源是非常重要的资源。然而，处理好人际关系，却并非简单容易的事情。首先，人心是非常复杂的，其次对于完全陌生的人而言，彼此之间缺乏了解，也不懂得对方的脾气秉性，要想把话说得恰到好处，自然是难上加难。这也就要求在人际交往中，一定要把握好分寸，也要分人、分时间和场合说好每一句话。

所谓言多必失，祸从口出。近些年来，经常发生人们之间因为一言不合而大打出手的事情。这些都是语言暴力导致的，而背后的原因则是情绪的失控。正如人们常说的，语言是心灵的外衣，每个人要想拥有和善的语言，一定要驾驭好自己的情绪，保持理性和平静。所谓心地宽容，就是要求人们不要斤斤计较，而要最大限度打开心灵的大门，保持镇定自若。这样一来，语言才不会像脱缰的野马，导致人生陷入困境之中。

小区保安很瘦弱，平日里沉默寡言，每当有业主路过就会点头致意，也得到了业主们的一致好评。然而，有一天，保安正在站岗，突然间，一个年轻人骑着三轮车往小区里进。保安赶紧拦住，问："你是干什么呢？"年轻人凶巴巴地说："你没长眼睛吗？我是收废品的啊，这不写着三个大字吗！"听到年轻人这么说，保安的火气也一下子上来，说："你也知道你是收废品的，那你是这里的居民吗？如果不是，你凭什么连招呼也不打就往里进呢？”年轻人喊道：“是不是这里的居民怎么了，我是服务这里的居民，没有我，你们的大门都被垃圾埋起来了。当个看门狗也这么横，有什么了不起的！”

听到年轻人开始骂人，保安更生气了，挡在三轮车面前，说：“今天，还就是不给你进了。”“我偏要进，我看你能不能拦住我！”就这样，保安和年轻人你一言我一语地对骂起来，谁也不愿意让步。后来，来了一个老者，看到年轻人和保安僵持不下，老者赶紧来打圆场，说：“这位师傅，实在对不起，这个年轻人不会说话，活该打嘴。”保安还是很生气：“不会说话就先去学说话，出来不是找骂吗！”老者说：“是啊，是啊。我给您赔礼道歉，下次我一定让他多多注意。”然而，无论老者怎么说，保安就是不让收废品的年轻人进入。最终，收废品的年轻人只好离开了。

实际上，收废品的人进入小区，帮助居民们清洁家里的垃圾和多余物品，原本是件好事情。错就错在那个年轻人说话太冲，对于保安毫不客气，还颐指气使，由此一来导致双方僵持不下。如果年轻人能把说话的方式改变一下，就像后来的老者一样与保安好好商量，配合登记，也就不会无功而返了。

现代社会有些人比较浮躁，也许是因为社会发展的速度越来越快，也许是因为他们内心缺乏宽容，总而言之，因为一言不合发生争执的人越来越多。生活原本就很艰难，工作上的压力更是巨大，在这种情况下，每个人都要对他人保持宽容，也要在语言上更尊重和平等对待他人，这样才能让人与人之间的关系和谐融洽，避免一些不必要的冲突。

学会求助他人，人情就是用来欠的

在与人相处的过程中，很多人习惯单兵作战，总是主张个人英雄主义，却不知道一个人的力量即使再强大，也无法抵御外界的所有困境。尤其是现代社会分工与合作越来越密切，每个人都要学会求助他人，才能增强自身的力量，帮助自己顺利摆脱困境。有很多人因为不愿意欠他人的人情，所以对于他人总是保持一定距离，哪怕遇到难题，也始终想方设法依靠自己的力量来解决。然而，这样的人是很难获得成功的，因为他们不懂得欠人情，不会借用他人的力量，最终也导致自己与他人越来越疏离，使得人际关系淡漠。

中国是人情社会，最讲究礼尚往来，如果人人都是完全独立的个体，单兵作战，则人际关系就会如同一盘散沙。细心的朋友会发现，不愿意欠人情的人往往朋友也很少，这是因为人情就是用来欠的，而不是用来疏离的。这一次我们求助他人，下一次他人才会理所当然地求助我们，在彼此的帮忙中，关系也会越来越亲近。所以求助他人不但是借力，也是凝聚关系的好机会。

大学毕业后，小薇一直没有找到合适的工作，她眼界很高，最终陷入高不成低不就的困境。对于这样的人生状况，小薇当然不满意，但是倔强的她宁愿赋闲在家，也不愿意让已经找到工作的同学们为她引荐。转眼之间，已经半年过去，小薇的工作始终没有起色。看着小薇从刚刚毕业时的意气风发，到现在如同霜打的茄子一样，父母觉得很心疼。思来想去，爸爸决定动用老战友的关系，为小薇安排一份满意的工作。得知爸爸的想法，小薇表示坚决反对，她说："爸爸，我不想欠任何人的人情。"

听到小薇的理由，爸爸很惊愕，他对小薇说："小薇，中国是人情社会，一个人怎么可能不欠人情呢？如果一个人不欠任何人情，那么他一定是孤家寡人，也会处处遭到他人的排挤。"小薇很不理解："不欠人情，为何还会遭到排挤呢？"爸爸语重心长地说："人情就是用来欠的啊。你今天帮助了别人，别人欠了你的情，等到你有困难的时候，别人也会不遗余力帮助你。如此一来二去，人与人之间不就建立了良好关系，也能相互珍惜了吗！"听到爸爸的话，小薇似懂非懂，说："但是找工作是大事，我不想你和妈妈低声下气去求人。"爸爸笑了："爸爸与战友的感情非常好，只要能帮上忙，他们肯定会帮的。而且我和你妈妈这些年来也总是竭尽全力帮助他们，所以大家比亲兄弟还亲呢！”小薇很惊讶：“真的吗？比亲兄弟还亲？”爸爸点点头，说：“你还是小时候见过叔叔伯伯们，等到见面了，你就知道了。”后来，在爸爸几个战友的合力帮助下，小薇如愿以偿获得了一份好工作，当然她也没有忘记爸爸的教诲，在工作中好好表现，给叔叔伯伯们增光，也时常带着礼物去看望叔叔伯伯们。小薇惊讶地发现，原来正如爸爸所说，他与叔叔伯伯们的关系比亲兄弟还亲啊！难道这样的人情都是欠出来的吗？

一个从来不欠他人人情的人，必然疏于与他人的交往，也因为凡事都明哲保身，所以与他人之间缺乏礼尚往来。明智的朋友知道，人情就是用来欠的，只有你欠我的情分，我再欠着你的，彼此之间才会不断地沟通与协调，也能让人际关系更和谐融洽。

总而言之，不要以为人际关系就是彼此宽容就能处理好的，还应该多多用心，经常站在他人的角度，设身处地为他人着想，才能让人际交往水到渠成，也才能让人情在你来我往中变得更加深厚。

第 9 章

克弱点修人格，自我完善终成器

人是有弱点的。很多时候，遵循本能做出的选择或者决定，也会导致人们陷入被动之中，甚至造成严重的后果。一个人如果想进步，想在人生之中有杰出的表现，就要努力克服自身的弱点，完善自身的性格，从而才能不断提升自己，让自己在人生的道路上奋勇向前，成就大器。

你的才华，还不足以支撑你的骄傲

生活中，总有些人觉得很自卑，他们常常否定自己，觉得自己一无是处，也因此陷入人生的怪圈，无法突破内心的囚牢，导致生命变得默默无闻。有些人则与他们恰恰相反，这些人自我感觉良好，认为自己才华横溢，而且志得意满，所以在生活和工作中总是表现出一副盛气凌人的样子，也常常自以为是，觉得自己是有资格骄傲的。殊不知，当一个人既管不住自己的嘴巴，还拥有一颗骄傲狂妄的心时，可想而知他们必然会不断闯祸，也导致自己前途堪忧。

一个人要有多少才华，才能支撑起自己的骄傲？显然，对于这个问题根本没有完美的答案。细心的人会发现，越是才疏学浅的人，越是自我感觉良好。而越是学识渊博的人，越是能够认识到自己的不足，也能够始终怀着空杯心态，激励自己坚持学习、保持进步。也因为人谦虚低调，他们在与人相处时总能给他人良好的感受和体验，所以人际关系处理得也很好，拥有好人缘。由此可见，理智认识自己，给自己准确定位，这些是非常重要的，也能够让人在人际关系中拥有美好的未来和良性的发展。

西晋时期，王衍是大名鼎鼎的领袖人物。王衍出身名门，而且还在朝廷中担任重要的职务，所以名气很大，也广受人们的褒赞。在得到很多名士的赞美之后，王衍渐渐骄傲起来，变得恃才傲物。

有一次，王衍去拜访权贵，因为神仪明秀，举止不俗，被权贵相中，想要把女儿嫁给王衍。不想，王衍对此深以为耻，因而假装张狂和桀骜不驯，最终拒绝了这门亲事。后来，王衍迎娶了贾后的亲戚郭氏，郭氏非常贪婪，又仗着有贾后撑腰，因而聚财无度。为了避免在郭氏面前失去尊严，王衍从来不在郭氏面前提起钱财。王衍自命清高，不同流俗，尽管后来身居高位，却因为流于清谈，而无实干精神，最终碌碌无为地度过一生，也因此被后世的王羲之、陶弘景等人批评为“清谈误国”。

一个人即使再有才华，也不应该恃才傲物，更不应该有才华就脱离实际生活，一味地放纵自己活在虚无缥缈的言论中。百川归海，是因为海地处低处，也是因为百川里的水甘于流动到大海深处。这是亘古不变的真理，做人也应该如同河流一样，怀着谦逊的心态，心甘情愿容纳入海，从而让海更加博大，令人肃然起敬。

任何人都有才华，也有自身的优点和长处。然而只看到自己的优势是远远不够的，更重要的在于要看到自己的劣势和不足，这样才能保持谦逊的姿态，也才能理智客观地认知自己。古代社会，很多官宦都是因为恃才傲物、盛气凌人，而不小心得罪了小人，也招致他人的报复，导致失去先机。对于每个人而言，应该把客观认知和评价自我作为最大的优点，因为唯有保持理智清醒的自我认识态度，时时自省，才能更好地实现自己的人生理想，也才能让人生拥有美好的发展和未来。

从此不再当拖延癌晚期患者

说起“超级名磨”，不是拥有精致的面貌、冷艳的气质和窈窕的身材的“超级名模”，而是形容一个人成为“拖延癌晚期患者”，不管做什么事情都喜欢拖延。众所周知，现代社会正处于飞速发展之中，很多人都会面临生存的困境，也都面临重重的压力，如果不能加快做事的速度，顺应争分夺秒的生活，那么很容易被时代的洪流远远甩下，根本无法跟上人生的节奏。

民间有句俗话，叫作一步跟不上，步步跟不上，这句话与“生活如同逆水行舟，不进则退”有着异曲同工之妙，同样告诉我们生活的节奏很快，唯有保持与生活相同幅度的速度，才能保持相对静止状态。而如果保持绝对静止状态，则无异于放弃努力，任由自己不断退步。既然如此，还能拖延吗？而且还是极度拖延，根本不可能。

对于每个人而言，成功的道路都是各不相同的，这是因为每个人的脾气秉性不同，所以所选择的人生道路也不可能完全一样。但是有一点是肯定的，那就是拖延必然导致人们失败，尤其是在如今的生活与工作节奏越来越快的情况下，如果做事爱拖延，哪怕机会来临，也根本无法抓住。这样的情形是否与《大话西游》里的某些场景很相像呢？很多东西一旦错过，就一去不返，再也不会回来了。

有个人一直在计划着远行，去他梦寐以求的丽江旅游。他所在的城市距离丽江并不遥远，然而，他却没有加速成行，而是始终在拖延。正因为不远，他总是对自己说：“不着急，等到想去的时候，几小时的车程就到了。”就这样，时光日复一日地溜走，他始终坚持重复枯燥的每一天。每天，他都要喝功夫茶，还要与牌友打麻将，还要听听音乐，或者看电视节目，或者与老朋友煲电话粥……总而言之，时间之于他，每一天都密密麻麻的，根本没有多余的空闲。每次下定决心要出发时，他都会被各种各样的事情牵绊住，不能成行，他也安慰自己：“没关系，时间还多着呢！我离得近，几小时就到了，完全无须急迫。”

转眼之间，一生的好时光就悄然流逝，他从年轻的小伙子成为一个白发苍苍的老头，他的孙子都很大了，已经能独自去丽江旅行了，但是他却还在家里重复着昨日的生活，没有任何进步。

事例中，这个人距离丽江的确很近，但是他却始终没有成行。这是因为他始终在拖延。从未为自己当机立断展开行动找动力，而总是为自己的无限拖延找借口。对于这样的重度拖延症患者而言，很难到达理想的目的地。

从内心深处而言，每个人都想努力过好自己的一生，让自己拥有充实圆满的人生，然而拖延症真的就像绝症一样，一旦被它缠上，我们会错过人生中许多美好机会。在拖延症面前，一定要马上抬起脚步努力向前，如果一味地因为拖延而延迟，则生命也会在拖延的过程中悄然流逝。没有人愿意自己所有的努力都付诸东流，在这样的情况下，拖延只会导致行动延迟，也会因为机会的悄然流逝，而使得人生陷入被动之中。

对于每个人而言，拖延都是不折不扣的恶习，更是通往成功路上最大的阻碍。要想获得成功，我们就必须珍惜时间，正如鲁迅先生所说的，浪费他人的时间就等于谋财害命，那么浪费自己的时间，与慢性自杀又有什么区别？很多人自诩拥有人生最大的资本——青春。实际上，昭华易逝，不要在拥有青春的时候不懂得珍惜，而失去青春时又追悔莫及。

要想戒除拖延，还要深入剖析拖延形成的原因。例如，有的人是因为性格的原因喜欢磨磨蹭蹭，而有的人则是为了逃避某些让自己感到畏惧或者不愿意面对的事情，才不断地拖延。还有的人之所以拖延，是因为过于追求完美，或者不愿意承担任何责任。总而言之，拖延往往使人感到绝望，与其被动地被拖延吞噬，不如主动地戒掉拖延。在有任何成熟的想法时，一定要第一时间展开行动，唯有行动才是真正戒除拖延的第一步，否则人们就会被拖延困扰，也会在拖延的过程中渐渐地失去信心和行动力。此外，还要为自己的工作限定时间，很多人拖延都是因为没有时间的约束，由此导致很多事情一拖再拖，根本没有可能实现。在这种情况下，我们一定要为自己限定时间，才能让自己产生紧迫感，也当机立断展开行动。总而言之，不要让很多绝妙的想法都停留在空想阶段，唯有坚持努力提升自我，以最快的速度展开行动，才能真正迈出走向成功的第一步，也才能让那些看似简单的事情都落到实处，真正为人生奠定良好的行动力基础。

不生气，给自己从容人生

毋庸置疑，爱生气是人生最大的弱点之一，因为愤怒不但会使人的智商瞬间降低为零，还会让人被愤怒冲昏头脑，做出让自己追悔莫及的事情。所以一个人要想真正强大起来，成为人生的强者，就要避免生气，更不要因为一些小事情，就拿别人的错误来惩罚自己。否则，最终受伤害的只有自己。

大多数爱生气的人都会找各种原因为自己的情绪失控辩解，诸如“人嘛，谁还没有个脾气呢”“我一生气必须发火，不然会把自己憋死的”等。殊不知，正是因为这些借口的开脱，他们越来越放纵自己，也导致火气越来越大，愤怒更加歇斯底里。实际上，生气或者愤怒，对于解决问题有什么好处呢？没有任何好处。一个人越是被愤怒控制心智，越是会导致事情更加糟糕，因为在极端愤怒且失去理智的情况下，他们根本无法做出正确的选择。

在人际交往中生气，则会自曝其短，使自己的劣势在他人面前暴露无遗。尤其是在面对对手或者敌人的时候，明智的人会拼尽全力控制好自己的情绪，而不会任由自己被愤怒控制，更不会让自己被愤怒冲昏头脑。愤怒是不折不扣的弱点，很容易被别有用心的人利用，导致自己陷入被动的局面之中。愤怒之于每个人都是一种误区，与其花费宝贵的时间和精力用于愤怒，不如冷静下来，理智思考愤怒到底是怎样的一种感情，对于我们的人生终究会起到怎样的作用与效果。退一万步而言，假如真的无法控制好自己的情绪，那么也应该在歇斯底里之后，认真地向他人道歉，从而让自己的内心释然。

很多朋友因为受到伤害而愤怒，殊不知，愤怒不但无法挽回被伤害的结果，反而会使我们更加受伤。任何情况下，我们都要理性对待愤怒，也要驾驭情绪，成为情绪的主人，这样才能避免做出用别人的错误惩罚自己的蠢行。

有一位女性特别爱生气，动不动就会很愤怒，甚至歇斯底里。有一段时间，她几乎每天都在向孩子咆哮。渐渐地，她在孩子面前失去威信，每当她被愤怒冲昏头脑时，孩子反而更加调皮捣蛋，把她气得歇斯底里。

附近的邻居经常听到这位女士与孩子咆哮，他们都觉得这位女士不是在教养孩子，而是在与孩子之间展开一场斗争。这场斗争旷日持久，永无休止，因为最终的结果显示一切正如人们所担心的那样，这位女士最终成功地把孩子也教养成一个很爱生气和动怒的人。等到女士渐渐老去，孩子正当壮年，孩子几乎每天都对妈妈怒吼。已经生不动气的女士知道，孩子是自己的翻版，一切都是因为自己无法控制情绪导致的。

每个孩子都是父母的一面镜子，对于父母而言，要想让孩子拥有宽容平和的性格，一定要给孩子做好榜样，而不要总是对孩子起到负面的示范和影响作用，否则孩子的成长就会渐渐失控。当然，成为情绪的主人并非简单容易的事情，很多人爱生气已经是习惯成自然，根本无法成功控制自己。然而，换一个理性的角度来看，既然愤怒根本于事无补，反而还会导致事情更糟糕，那么还有什么必要一定要生气呢？

在人际交往的过程中，不管发生了什么，都要牢牢记住，千万不要随随便便发泄愤怒。否则，哪怕赢得了一时的痛快，最终也还是会被愤怒深深地伤害，导致自己退无可退，只能悲伤地接受愤怒的惩罚。一个不爱生气的人，总是能够调整好自己的心态，控制好自己的情绪，也能够成功为人处世。因为他们知道不生气不但是对他人的宽容，更是对自己的善待。古人云，气大伤肝，生气不但会导致情绪失控，还会让身体也受到不良影响，严重损害身体健康。所以真正的人生强者，能够控制好自身的脾气，能够让自己保持不生气的状态。

不自卑，让人生绽放异彩

做人的基础是自信，自信是与自卑完全相反的一种感情状态，它能够帮助人们提振信心，赶走自卑。很多自卑的人都非常苦恼，是因为他们不知道如何面对自己，也因为对于自己的评价过低，导致陷入困境的时候无法摆脱。实际上，自信是成功者必备的优秀品质之一，也是成功者良好的心理素质之一。自卑的人总是胆小怯懦，遇到小小的困境就马上放弃，更不能在失败之中崛起，让自己踩着失败的阶梯前进。

自卑对人生的负面影响和危害很大，一个人要想获得成功，一定要赶走自卑，才能让自己昂扬向上，不断奋进。如果一味地深陷自卑的泥沼中，只会越陷越深，也导致人生面临更大的困境。人人都羡慕成功者与众不同的璀璨人生，殊不知，人生要想绽放异样的光彩，一定要消除自卑心理，并且摆脱自卑心理的负面影响。

从心理学的角度而言，自卑是一种非常复杂的感情，尽管每个人自卑的原因似乎各不相同，但是他们的行为表现却有很大的相似之处。那就是自卑者都觉得自己不如别人，因而总是妄自菲薄，甚至自我否定，这让他们在人生中的表现很疲软乏力，可想而知他们也就根本没有机会表现出自己的真正实力。

作为一名青春期女孩，刘丹是非常自卑的。实际上，正在读初二的刘丹学习成绩很好，在年级遥遥领先，每次都能稳坐班级第一的宝座。对于自己的学习表现，刘丹很满意，但是即便如此，也不能驱散她的自卑。刘丹为何如此自卑呢？原来，刘丹的爸爸很爱喝酒，是个不折不扣的酒鬼，人没有本事不说，还常常窝里横，喝醉了酒就殴打刘丹的妈妈，训斥刘丹。在父亲长期酗酒的影响下，刘丹变得越来越自我封闭，也因此陷入心理上的困境，总是自我否定、自我嫌弃，甚至毫无信心。

有一次，学校要举行作文比赛，老师原本推荐刘丹参加，刘丹却推脱掉了。面对老师的再三劝说，刘丹只是一句话：“我不行，我不行。万一比不好，肯定给学校丢脸。”任凭老师说破了嘴，刘丹还是不愿意改变主意，就这样，老师只能让一个各方面都不如刘丹的同学代表班级和学校参加了作文比赛。刘丹不仅在学习上非常自卑，在人际关系方面也非常被动。她的性格极其内向，在班级里只与几个座位相邻的同学有过交流，而与其他同学几乎没有任何交集。整个青春期过去，其他女孩都如花朵般绽放，唯有刘丹总是默默无闻、愁眉苦脸，就像一个受了冤屈的老太婆。

自卑就像是一座大山，沉重地压在人的心上，又像是夏日里暴风雨来临前压低了的乌云，阴沉得简直能拧出水来。对于这样沉重的负担，自卑者往往觉得不堪重负，却又因为不知道怎么才能摆脱自卑的负面影响，而始终陷入苦闷之中。不得不说，自卑对人生的影响是非常大的，每个人唯有摆脱自卑，才能从乌云蔽日之下回到晴朗的人生天空，也才能尽情感受人生的快乐与幸福。

众所周知，每个人最大的敌人就是自己，要想有好的发展，就要战胜自己，突破内心的局限。而战胜自己并不是一件容易的事情，首先要征服心底的自卑，才能最大限度地打开心扉，也才能在人生之中有与众不同的出色表现。朋友们，如果你们也深受自卑的困扰，那么就从现在开始驱散心底的自卑，让自己拥有更加快乐的人生吧。当人生充满光明，你会发现很多事情也随之明媚起来，人生也会由此进入崭新的阶段，变得更加生机勃勃。

不要陷入物质的欲望深渊

现代社会发展速度非常快，物质极大丰富，很多人都因为追求物质享受，而不知不觉中陷入物质的深渊，无法自拔。这到底是为什么呢？其实，人们对于金钱与物质的追求是永无止境的，每个人唯有端正心态，控制好自己对于金钱和物质的追求，才能让自己保持淡然，也不被外物蒙蔽心灵。尤其是现代社会有钱人很多，如果一个人总是因为虚荣心而与他人不断地比较，则在得到很多的同时，也会失去很多。由于始终无法感到满足，他们会心绪不宁，情绪暴躁。

实际上，如果只是为了满足基本的生存所需，根本不需要那么多的物质和金钱作为支撑。例如一个人即使再有钱，也只是一日三餐，夜晚安眠也只需要一张床。正是基于这样的考虑，如今很多人都提倡极简生活，从而把自己从物欲的深渊中解放出来，让自己更加从容坦然地面对人生。不得不说，奢侈会破坏人的心灵，让人的生活从简单变得复杂，让人的心从淡然变得焦虑不安。现实生活中还有一个奇怪的现象，即人的欲望是无底洞，拥有的越多，就奢望的越多。还记得在电视剧《人民的名义》中的赵处长吗？他原本是出身贫苦的农民孩子，最大的愿望是能吃饱穿暖，脱离黄土地，但是后来居然贪污了那么多钱，因为不敢存入银行就全部以现金形式保存在连妻子都不知道的别墅中。为了掩人耳目，居然还十几年如一日只给农村的母亲每个月300元钱的生活费，那么他贪图这么多钱又为了什么呢？即使他没有动用一分一毫的赃款，也会因此而锒铛入狱，再也没有回头路可走。这就是欲望的邪恶力量，如果说适度的欲望能激发人的动力，那么过度的欲望则会成为人心底的束缚，导致人生再无轻松可言。

人人都追求幸福快乐的生活，要想真正收获幸福快乐，一定要让自己摆脱欲望的束缚，从而才能以轻灵的心态面对人生。尤其是现代社会，很多人一味地追求金钱和财富，也始终坚持奢侈消费，却不知道自己付出了宝贵的青春时光，只是得到了一时感官上的满足，是完全不值得的。也许他们内心深处对于金钱的追求，只是为了得到别人羡慕的眼光和一声“这个人真有钱”的评价。不得不说，他们对于人生的理解太肤浅，对于人生的各种价值观念也有失偏颇。

大学时期，小小就是全校有名的校花，追求她的男生很多，但是她谁都看不上，一心一意只想认识一个钻石王老五。

然而，小小的家并不在本市，她的父母都是老实巴交的农民，所以她很少有机会认识有钱人。

有一天下午小小走出校园，正准备去附近的集市上为自己买件换季节的衣服，不想，学校里有名的富二代娜娜喊道："小小，别走啊，晚上一起参加宴会吧！"看着娜娜光鲜亮丽的衣着，再看看自己寒碜的样子，小小摇了摇头，在没有漂亮的衣服和娜娜相媲美之前，她可不想和娜娜一起出现在任何地方。娜娜家非常有钱，她随便一件连衣裙都比得上小小一个学期的开销。不想，娜娜似乎看透了小小的心思，说："没关系的，小小这么漂亮，还能缺少衣服穿吗？我保证你只要参加了这次宴会，不出几天就会收到很多漂亮的衣服！"听到娜娜这么说，小小不由得怦然心动。果然如同娜娜所说，在参加完这次宴会之后，灰姑娘小小得到了很多王子的青睐，很多有钱人家的男孩给她送漂亮的衣服，送给她名贵的珠宝。最终，小小从灰姑娘摇身一变成为贵妇人，她与一位40多岁的富商在一起了。因为那位富商答应给她买一套房子，还答应每个月给她固定数目的钱。

小小被包养了，同学们对此心知肚明，那些对小小心生爱慕的男生也全都止步了。大学毕业后，班级里几对情侣都修成正果，小小却被富商牵绊住，原本说好的毕业就分手也无法实现。最终，小小人老珠黄了，被富商抛弃，她又去哪里寻找自己的爱情呢?

对于人生最宝贵的十几年光阴而言，房子、金钱，又能弥补什么呢！等到人老珠黄、爱情不再的那一天，小小一定为把自己的大好青春都用来出卖而感到懊悔不已。人生说长也长，说短很短。尤其是对于花样的少女而言，最美好的年华只有几年的时间，千万不要因为物质欲望的迷惑，就轻易放弃青春年华，更不要等到来不及的年纪再追悔莫及。

钱能买来什么呢？能买来婚姻，却买不来爱情；能买来房子，却买不来家；能买来床，却买不来睡眠；能买来昂贵的药品，却买不来健康……钱能买来很多的东西，也买不来很多的东西。人一定要知道人生中最宝贵和值得珍惜的是什么，才能真正看清楚自己的心，也确定人生的方向，知道人生要去往哪里，回归哪里。

无数调查显示，很多人的烦恼都与金钱和物质相关。因而要想收获幸福快乐的人生，就要扪心自问：我想要怎样的人生。唯有弄清楚这个至关重要的问题，才能明确人生的方向，也才能最大限度调整人生的姿态，在人生中得到自己梦寐以求的一切。

知足常乐，让人生快乐相随

很多人误以为人生只有拥有更多，才能收获幸福。实际上，快乐与拥有多少并没有必然的关系，也不呈正相关，甚至很多时候还会呈反相关，即拥有越多，快乐越少。这是为什么呢？对于一个一无所有的乞丐而言，能够有一碗热粥，有睡觉的地方，就是最大的幸福。但是对于一个拥有很多的富豪而言，哪怕一天之内赚取几千万，对于他们而言也只是账面上的财产增多了而已，并不能给他们带来实实在在的幸福感。如果仅从物质的实际价值来看，几千万当然比一碗热粥更有价值，但是如果以幸福为衡量的标准，几千万不一定比一碗热粥更让人感到幸福。幸福是完全感性的，不能用理性和数量进行衡量。

现实生活中，很多人之所以不快乐，并非他们得到的太少，而是因为他们拥有的太多。当一个人习惯成自然，觉得唯有拥有更多才能获得幸福时，他们心中的欲望深渊就会变成真正的无底洞，永远也不能得到满足。正如一位名人所说的，这个世界上并不缺少美，只是缺少发现美的眼睛。同样的道理，这个世界也并不缺少快乐，而只是缺少能够敏锐感受到和捕捉到快乐的心灵。

很久以前，有两个人是邻居，他们的家只有一墙之隔。但是他们并不像其他邻居那样关系融洽，而是相互仇恨，彼此敌视。甲邻居非常贪婪，总是希望自己得到更多，欲望永远无止境。乙邻居很喜欢嫉妒，不管看到甲邻居拥有什么，他都要嫉妒得发狂，甚至还因此而抱怨上帝为何给予自己这么少，却给予甲那么多。在贪婪和嫉妒之中，他们越来越无法容忍对方，最终发展到相互憎恶和怨恨的程度。当然，对于上帝，他们也有很大的不满。甲邻居抱怨上帝："上帝真讨厌，只给我这么少，却给乙那么多。"乙呢，同样抱怨上帝："上帝啊，为何让甲凡事都顺利，但是我却凡事都不那么顺利呢！我很嫉妒甲，嫉妒简直让我发狂。"

一天，甲因为羡慕乙而发狂，在田野间奔跑，居然遇到了降临人间的天使。天使问甲："你有什么心愿，我都可以答应你，不过不管你要什么，你的邻居都会得到双倍的。你想好之后就把愿望说出来，它马上就会变成现实。"甲思来想去，不知道应该如何表达自己的愿望。他想拥有大房子，但是一想到乙会拥有两座大房子，他就感到心如刀绞；他想拥有一座金山，一想到乙会拥有两座金山，他就感到极其不满。最终，甲居然许愿："上帝啊，让我瞎掉一只眼睛吧！"果然如同甲所愿，他和邻居还像以前一样贫穷，唯一的不同是他失去了一只眼睛，而他的邻居失去了两只眼睛。

这个事例简直让人抓狂，贪婪和嫉妒就像一对孪生兄弟，甲明明有机会改变自己的人生，却为了不让乙得到更多，他放弃了拥有大房子，放弃了拥有更多的钱，最终居然许愿让自己瞎掉一只眼睛，从而让乙邻居得到双倍的惩罚。然而，尽管听上去令人难以置信，这的确就是贪婪和嫉妒的罪恶下场。

常言道，知足常乐。一个人要想在人生中收获更多快乐，就要懂得满足，也要能够理性对待和满足自己的欲望，否则，他们既奢望得到更多，又想让自己嫉妒的人彻底毁灭，简直就是人间的魔咒。当一个人陷入欲望的深渊，随之而来的必然是极度的爱慕虚荣，还有与他人之间的攀比和无休止的比较。对于每个人而言，要想轻松快乐享受生活，就要放弃沿途的重负，轻松愉悦地享受人生。没有任何人可以打破生活的平衡，而依然保持宁静和从容。每个人都应该把握好生活的尺度，给予自己更多的机会享受生活。人生中，快乐有很多，然而欲望却会蒙蔽人的心灵，导致人根本无法全然安静享受人生。尤其是在社交之中，人与人相互交往，更容易发生贪婪和妒忌的情况。减少欲望，不再嫉妒他人，既能让自己的内心保持平静，也能让自己的心灵减轻负担，当然是一举两得的好事情。

第 10 章

有目标有行动，空想永远没结果

一个人如果没有目标，就像船只在大海上航行，会失去方向，茫然不知所踪。当然，有目标也只是确立了通往成功的第一步，真正要想实现成功，每个人还要在目标的指引下切实展开行动，再好的想法如果始终陷入空想，就会变得很空洞，对于人生完全失去意义，没有任何结果。

有目标，人生不迷惘

船只在大海上航行，是否可以没有目标的指引呢？当然不可以。因为哪怕是经验丰富的船长或者舵手，在大海上也要凭借仪器始终锁定目标，才能最终到达目的地。如果没有目标，最终只能在海面上随波逐流，不知所踪。同样的道理，一个人如果没有目标，在人生的旅途中徘徊，最终会感到忧愁苦闷，也会因为白白浪费了宝贵的时光和精力而空虚无助。对于大多数人而言，人生的辛苦是不怕的，最怕的是不知道该如何努力，就像拔河的时候力气不确定要往哪个方向使一样，这样的人生往往也是不知所踪，甚至完全迷失的。

对于每个人而言，唯有真正了解自己想要的人生，也确定自己追求的目标，才能向着目标不遗余力地努力，才能感受到人生是有意义且能够实现价值的。

作为某杂志社的一名普通编辑，邦克从小就立志要创办自己的杂志。因为目标明确，所以他在工作的过程中始终坚持努力，并且绝不放弃任何微小的机会。最终，邦克抓住了一个不起眼的机会。

原来，邦克有一天无意间看到一个人从香烟盒子里抽出一张纸片扔掉。邦克出于好奇就捡起了这张纸片，发现是一张好莱坞女星的照片，并且标注这只是一系列照片中的一张而已。原来，为了提升销量，香烟公司故意用这种方式激励消费者收集一整套照片。让邦克惊讶的是，纸片的反面居然是一片空白，这让邦克敏锐地意识到这是极大的资源浪费。他暗暗想道：如果能把纸片反面充分利用起来，印刷上照片人物的简介，那么照片的价值就会大大提升。为此，邦克当即找到纸片的印刷公司，并且提出了自己的创意。印刷公司的经理对于邦克的建议很重视，当即把这个艰巨的任务交给邦克。经理要求邦克准备一系列的人物介绍，并且承诺将会付出很高的稿酬。从此之后，邦克整日都忙着写名人简介，甚至不得不把一部分稿件分给其他人去写。最终，邦克真的成为《名人》杂志的主编，实现了自己小时候的伟大梦想和人生目标。

一个人心中一旦确立了方向，就会不由自主朝着既定的人生方向努力。邦克正是因为很清楚自己的人生目标，所以才能在看到香烟纸片后，迅速地发现商机，也彻底地改变了自己的命运。

现实生活中，很多人都对于人生感到不满意，然而他们却不知道自己真正想要的生活是怎样的。正因为如此，他们才一边抱怨此刻拥有的生活，一边继续麻木地沿着现有生活的轨迹按部就班地混着日子。这无疑是生活的死循环，也是让人无法打破的魔咒和怪圈。如何才能改变这一切，让人们在生命的历程中有更好的发展和收获呢？如果让你现在描述自己的理想生活，你是否能够流畅准确地描述出来呢？如果不能，那么你也要认真思考自己想要怎样的人生，因为确定想要的人生，是改变人生的第一步。

目标不但是一种方向，更是一种决心。当一个人郑重其事向自己宣告目标，或者向他人宣告目标，那么这个目标就变成了承诺，也会彻底地改变人生。生命中，一个人如果缺乏目标，在通往成功的道路上就很容易被那些小小的障碍阻拦，甚至因为大的困境就彻底放弃。而有明确目标的人，则能够更加坚定不移朝着目标努力奋进，哪怕遭遇小小的坎坷和挫折，也绝不轻易放弃，甚至越挫越勇，最终真正实现目标。

需要注意的是，目标并非越大越好，唯有贴合实际的目标，才能起到恰到好处的激励作用。目标如果过于远大，让人不管怎么努力都无法实现，则会让人感到疲惫，觉得自己的一切努力都如同石沉大海，根本没有实现的可能性。反之，目标如果过于渺小，让人不需要怎么努力就能轻而易举地实现，也就失去了激励作用。从本质上而言，设定明确的目标能够激励人爆发出强大的力量，使人彻底摆脱漫无目的的生活，朝着人生的终极目的地奋进。一个拥有目标的人，也拥有强劲的动力，就如同拥有永动机，不断奋发向前，绝不轻易懈怠。与此同时，在实现目标的过程中，人们也会因为取得小小的成就而受到激励，所以更加信心百倍、斗志十足地奋勇向前。

行动，才算迈出通往成功的第一步

只有目标而没有行动，就像一个人有华丽的梦想，却整日躺在床上一动不动，生生地把这个高大上的梦想变成了乌托邦似的空想一样，哪怕梦再怎么瑰丽绚烂，让人充满憧憬，也是无法真正实现的。设立目标之后，要想让目标变成现实，最重要的在于切实展开行动，这才是真正通往成功的第一步。

人的一生是漫长的，也是短暂的。当生命过得充实而有意义，就显得时光如逝，非常短暂。相反，当生命很空虚和无聊，就会失去行动力，也会使人感到人生很冗长。很多朋友都曾经有这样的感触，那就是躺在床上无所事事地度过一天，24小时似乎变成了240小时那么漫长，而在外面奔波忙碌度过一天，尽管很辛苦，时间却过得如同电光火石一般，不知不觉就消逝了。既然如此，为何不用充实支撑人生，也让人生变得更加璀璨、值得期待呢？！人生之中，不可能凡事都顺心如意，总有些事情需要我们独自支撑，总有些艰难的时光需要我们咬牙挺住。即便如此，我们也要引吭高歌，才能在生命的历程中不断向前，绝不懈怠。

一个人唯有拥有目标，人生才有意义，也唯有拥有目标，才能幸福快乐地享受生命。目标就像是人生的框架，把原本零散的人生都整合起来，让人生避免了如同碎片一般的结局。需要注意的是，目标应该是自己积极主动制订的，而不能是他人提供的。因为只有自己才最了解自己的情况，也只有自己，才能最大限度激发出自身的潜能，从而为人生的成功提供更多的可能性。

在沙漠中，失去方向和目标的人只能原地转圈，而唯有在方向的指引下，才能奔向远方。在人生之中，没有目标的人也只会日复一日重复枯燥乏味的生活，只有拥有目标的人才能彻底改变命运，也成为人生的主宰。总而言之，目标是人生的导航，是人生的指南针，唯有在目标的指引下，我们才能全力以赴，以最快的速度到达成功的彼岸，到达人生的巅峰。

今日的目标，就是你明日的人生

很多朋友都抱怨自己的人生不尽如人意，那么人生的主宰到底是谁呢？如果作为命运的主宰只能跟随命运随波逐流，只能因为命运的捉弄而束手无策，那么最终只会沦为命运的奴隶，而无法真正掌握命运，操控人生。

目标，对于每个人而言都是非常重要的，一个人唯有为自己制订切实可行的目标，才能让人生有方向，也因为目标的督促和鞭策而变得截然不同。有目标的人哪怕身处困境，也依然能够坚持不懈、奋勇向前，他们纵然在困境中暂时迷失，也能不忘初心，方得始终。总而言之，人生从来不应该是迷惘的，真正的人生强者，总是竭尽所能掌握人生，操控命运，也总是拼尽全力与命运抗争，绝不轻易屈服。由此可见，漫无目的的人生是毫无意义的，唯有不断地提升和完善自我，才能真正打开心扉，也才能在与命运的博弈中获得胜利。

很久以前，有个地区特别贫穷，而且人们对生活毫无信心，为此政府对那个地区制定了很多优惠政策，还特别委派相关人员去该地区工作，目的是让该地区的人们彻底改变观念，相信自己是完全可以凭借实力改变命运，创造美好生活的。

工作人员来到这个地区后，首先与当地最贫穷的20多人见面。他看到这些穷人的脸上写满了绝望，似乎被贫穷折磨得毫无斗志和信心，因而问这些人：“你们的梦想是什么？”看着工作人员，这些穷人全都流露出难以置信的眼神，许久之后才有人说：“梦想是什么？我们从来不做梦，日子过成这样，做梦又有什么用呢？”工作人员的内心无限感慨：原来，这些人连梦想是什么都不知道。为了帮助他们拥有梦想，点燃心中的希望之光，工作人员只好先给这些人普及梦想的知识。在工作人员的耐心引导下，穷人们才说出梦想，有人梦想着赶走咬孩子的野兽，有人梦想着能有时间照顾好孩子们，还有人想学习知识，也有人想赚到更多的钱……每个人都有自己的梦想，尽管这些梦想听起来是那么微不足道，但是对于这些从未有过梦想的穷人而言，却足以让他们感到兴奋，也让他们觉得人生充满希望。

贫穷困扰着穷人们，让他们不敢奢望其他，然而当他们有了梦想，全都精神焕发。几年之后，这些穷人都完全实现了梦想，也拥有了崭新的人生。

梦想不是梦，更不是白日梦，不是随便想一想就可以实现的。对于梦想，只要心中有着清晰的认知和明确的定位，就有机会去实现，但前提是有了梦想之后，还要把自己从颓废沮丧的状态中拯救出来，让自己真正充满信心和希望来面对人生。

一个人要想拥有成功的人生，就一定要有梦想，梦想不仅是人生的方向和目标，更是人生之中源源不断的动力。很多人羡慕他人实现梦想，人生也收获成功，然而实际上每一个梦想在最初开始的时候都是遥远的，也是虚幻的。只是在行动的不断推动之下，才从虚无变得接近现实，直到最终真正实现。这，就是梦想的力量。

行动，是实现目标的唯一途径

人生原本艰难，也很多坎坷和挫折，一个人如果在人生之中从不努力改变自己，那么他们就会因为停滞不前，而导致人生不断退步，甚至使很多希望彻底破灭，也让人生变得颓废沮丧，再无进步的可能。实际上，人生是需要有希望作为支撑的，当人生的希望之火熊熊燃烧，当一个人在度过一天之后感到内心充实，而且对新的一天也充满憧憬，那么他们的生命就会生机勃勃，也会由此进入良性的循环之中，拥有无穷的动力和生命力。

任何梦想，即使再好，也无法真正让人生摆脱困境。唯有切实展开行动，哪怕行动的力量微不足道，也足以牵引着人们不断奋发向上，让人们在行动中不断地认知自己、改变自己，也提升和完善自己。与此相反，假如一个人在生命中始终处于懵懂无知的状态，也总是停滞不前，那么生命非但不会静止，还会不断地退步，最终导致生命戛然而止。众所周知，人生是宝贵的，有谁愿意白白浪费宝贵的生命，让人生不断退步呢？生命在于运动，正如人们常说的，生命不息，折腾不止，每个人对于人生的态度都应该积极向上，也要确凿明白唯有行动才能激励人们不断实现目标，最终把梦想变成现实。

玛丽和艾美都已经六十多岁了。她们从小一起长大，是知心好友，虽然年纪很大了，而且住在城市里完全相反的方向，但是她们约定每天都去相对的中点集合，一起度过美妙的大半天时间。她们约定的见面地点在活动中心，为此玛丽要走一小时，而艾美要走半小时。活动中心的朋友们都建议玛丽坐地铁，而艾美坐公交车，但是玛丽和艾美对此都不以为然，并且纷纷表示自己很急于见到对方，所以根本不愿意白白浪费时间去等待地铁或者公交车的到来。为此，活动中心的人又说："你们每日这样不停地走着，都可以绕着美国的国境线走一圈了。"这句话让玛丽脑海中灵光一闪，原来她的孙子即将出生了，她决定用步行的方式去儿子家里，等待孙子出生，也作为给孙子最好的礼物。

活动中心的人得知玛丽的疯狂想法，都觉得玛丽一定是疯了。玛丽对此却满怀信心，态度坚决："我一定要走着去儿子家里，等待孙子出生。我能做到，也就是把这段路程重复几十次而已，累了我可以住在宾馆里休息。"就这样，玛丽用了三天时间走到儿子家里，次日孙子就出生了。

再远的路程，也是可以用脚步丈量的，最重要的在于不要一味地停留在家里，让自己的伟大想法只局限于想一想而已。唯有真正迈开脚步，向着遥远的目标走去，才能一步又一步地靠近目标，也才能真正实现目标。

常言道，世上无难事，只要肯攀登。任何情况下，每个人都要相信自己的能力，更要在决定做一件事情的时候想方设法坚持下去，才能取得最好的结果。记住，只有采取行动才有希望获得成功，如果无限拖延下去，哪怕想法再好，也终究会变成空想，也会导致人生失去希望和勇气。很多人在切实去做一件事情之前，就先把事情想得很难，因而还没有开始就打起了退堂鼓，最终导致事情没有开始就已经结束。这样尽管避免了失败的结局，却也完全错过了成功的可能性，使得人生陷入困境，如同身在囚牢，无法获得真正的解放。

不管在什么情况下，行动都是获得成功的唯一途径，也是接近成功的唯一方式。唯有行动起来，人们才能获得成功的希望，也才能在生命的历程终止时，不感到遗憾。现实生活中，很多人之所以拖延，往往是因为觉得某些小事情不值得付出努力，而想要一蹴而就。实际上，世界上既没有天上掉馅饼的好事，也没有一蹴而就的成功，每个人要想收获成功，必须更加积极努力，才能最大限度圆满人生，也才能在人生的道路上收获幸福和努力。

有计划，实现人生目标更快捷

众所周知，每个人在通往成功的道路上，都需要计划的指引，才能坚持正确的方向，始终不遗余力，努力奋进。现实生活中，很多人确立目标之后总是很迷惘，不知道自己该做些什么才能距离实现目标更近。然而，如果一直迷惘下去，人生最终会白白荒废好时光，而且也会距离梦想越发遥远，距离实现梦想遥遥无期。从这个角度来说，制订目标之后，最重要的在于有计划，从而才能按部就班实现人生目标。

在具体可行的计划指导下，实现目标就变得更加指日可待，也更具有现实意义。任何情况下，实现人生的计划都是至关重要的，对于一个大的目标，人们必然觉得难以下手，唯有把目标变成切实可行的计划，才更具有指导性，也才具有现实的意义。这就像是一个人面对着万里长征的路途，如果让他用脚步去丈量，他一定会感到非常畏惧，甚至感到战战兢兢。然而，当年那么多红军战士过草地、爬雪山，漫长的长征旅程，就是这样一步一步走过来的。

只有远大目标，往往使人觉得迷惘，不知道如何去实现。唯有在目标的指引下确定方向，再进行周全的计划，才能更加坚定不移、奋勇向前。哪怕往前的每一步都举步维艰，但是却能让人感到脚踏实地，人们也会因为一步一个脚印，每一步都能切实得到收获而拥有成就感，觉得人生因此有了希望和未来。

总而言之，计划是实现伟大目标的助推器，也能为人生提供源源不断的动力。细心的人会发现，古往今来，许多成功人士也许没有特殊的天赋，但是一定拥有顽强的毅力，也能够在计划的指引下让自己不断努力，坚持奋进。计划还有一个很微妙的作用，那就是能把远大目标进行细分，从而使其成为一个个切实可行的小目标，这样一来，计划就能够按部就班地实施。

当然，要想让计划成为梦想的助推器，仅仅有远大目标和计划还是远远不够的。首先，计划要符合实际情况，如果计划脱离实际，根本没有实现的可能性。其次，计划还应该以一定的仪式宣告或者是写下来。不管是把计划告知他人，还是把计划以文字的方式书写下来，都能让计划对我们的约束力量更强大，也能让计划对我们起到激励和鞭策作用，从而让计划更切实有效。

每个人都需要一个指导自己的计划，成功者如此，普通人更是如此。朋友们，如果你迄今为止还没有为自己制订计划，那么就赶紧明确目标，制订计划吧。此外，还需要注意的是，计划一定要详尽周密。人人都知道人生是不可浪费的，尤其是时间非常珍贵，那么就要争分夺秒，从而才能不断完善计划，也让人生拥有更强大的力量和更多的可能性。

在逐步完成计划的过程中，我们还应该意识到，计划必须不断推进，才能起到积极有效的效果。对于计划的不断实现，也要主动从容，而不要紧张局促。在计划的实施过程中，还要及时记录，从而对自己的成就心中有数，也能够切实有效以这样的小小成就激励自己不断努力，再接再厉。总而言之，对于一个梦想着成功的人而言，在确定目标之后，用心制订计划是必不可少的，也能帮助我们更加平稳地走向成功，收获人生。

第 11 章

会变通懂放弃，换个角度大不同

人生在世，不可能凡事都顺心如意，每个人都会遇到各种坎坷和磨难，有的时候还会遭遇意外的惊喜甚至是惊吓。为了让自己更好地站稳脚跟，为自己赢得一席之地，就必须懂得放弃，顺应人生的情势，从而换个角度看待人生，让人生截然不同。

攀比只会让自己的内心失去平静

现实生活中，很多人都喜欢攀比，这都是虚荣心在作怪，人与人之间总分个高低胜负，也总是因为想要超越别人或者自己不如别人，而变得焦躁。对于人生而言，最重要的不在于改变命运，而在于调整自己的内心。所谓心若改变，世界也随之改变，对于每个人而言，唯有坚持内心，不忘初衷，才能拥有平和的生活。有位名人说过，对于每个人而言，比较都是使人沮丧的，有的时候比较的负面作用甚至远远超过恶劣的现实。

毋庸置疑，比较是一件很危险的事情，因为比较，人们总是牢骚满腹，也因为比较，人们始终怨声载道。与其一味地羡慕他人，不如珍惜自己如今所拥有的，从而也能够在现实生活中有优秀的表现，赢得美好的未来。攀比到底有什么好处呢？其实，攀比没有任何好处，一味地攀比只会让一个人的内心失去平衡，也变得不复平静。试想，在攀比的状态中，超过他人的必然扬扬自得，而不如他人的则会沮丧绝望。一些女性朋友尤其喜欢攀比，例如看到女同事穿了漂亮的裙子或者戴着昂贵的首饰就攀比；发现同学升官发财还找了个好老公就攀比；看到人生之中总是处处不顺利，而他人好像不管做什么都顺遂如意。总而言之，对于一个爱虚荣的人而言，攀比几乎已经成为生活的常态，很多人总是因为攀比而导致人生陷入困境，内心也不复平静。

自从办公室里的好姐妹小米嫁给了一个不折不扣的富二代，在小薇眼里，丈夫周强就变得一无是处。每天回家到里，尽管吃着周强做好的饭菜，小薇却对周强颐指气使，满脸嫌弃。她不止一次对周强说："你怎么这么无能啊，还有，你爸妈也很无能。你看看人家小米的老公，富二代不说，老爸老妈还有家族企业呢，以后不知道该多么享福。"一开始，周强对于小薇的话不以为然，说得多了，周强也未免觉得别扭起来，对小薇说："如果你想嫁给富二代，现在也来得及啊，你去嫁去，我绝对不拦着你。也不看看人家小米长得多漂亮，温柔美丽贤惠大方，再看看你，整个一母夜叉，还非要嫁给富二代，有哪个富二代能看上你啊！"被周强一通恶狠狠地抢白，小薇感到很恼火，恨不得对着周强大打一通。

有一天，小薇去给小米送东西，来到了小米家的高档别墅区。进门之前，小薇还在羡慕小米的豪宅呢，进门之后，小薇却发现小米正跪在地上给地板打蜡，而小米的丈夫则跷起二郎腿坐在沙发上看电视呢！小薇有些愤愤不平："你这个大老爷们，怎么让一个女人干这种活儿啊！"小米的老公不以为然地说："擦地又怎么了？她既然不能挣钱，一个月也就三两千，理应在家里相夫教子啊！”小薇看着小米忍气吞声的样子，忍不住推了推小米：“别干了，他不干你也别干！”小米抬头看看老公阴沉着的脸，赶紧继续低下头干活。

有些年轻的女孩挤破了脑袋想要嫁入豪门，找不到合适的富二代，就连富二代的爸爸都愿意嫁。殊不知，这样的女孩对于人生完全是本末倒置了，她们不知道如何提升和完善自己，因而总是自轻自贱，甚至根本不想找机会改变命运，主宰人生。对于这样的人，我们一定不要盲目地与他人攀比，尤其是女孩，更不要轻易羡慕他人。

每个人都是被上帝咬过一口的苹果，既有优点，也有缺点。与其为了讨好他人而故意贬低自己，不如勇敢地放弃所谓的金钱名利，这样才能有志气、有骨气。常言道，人比人，气死人，这句话就告诉我们人人都有长处也有短处，每个人既不能妄自菲薄，否则就会失去自信；也不能妄自尊大，否则就会导致人生退步。对于人生，最正确的态度是过好自己的日子，提升自我，而不要总是眼睛盯着别人的生活，而且还在感慨自己的生活何时才能改变。

现实生活中，很多人喜欢攀比，与其一味地在攀比中迷失自我，导致人生失去方向，不如最大限度主宰人生，从而也让人生更加理性从容。记住，让人羡慕的生活从来不是攀比出来的，而是努力调整好自己的心态，才能够主动创造，拥有美好生活。尽管生活中的攀比现象很常见，但是这并不意味着攀比是人生的常态，更不意味着人生总是要攀比才能实现意义和价值。每个人唯有最大限度激发自身的潜能，让自己的小宇宙爆发出强大的力量，才能避免盲目与他人攀比，也才能最终成功走出人生的困境，创造人生的价值。

此外，攀比还是幸福的头号天敌。细心的人会发现，很多爱攀比的人都郁郁寡欢，整日愁眉苦脸，这并非因为他们拥有得太少，而是因为他们的内心太贪婪，希望得到人生的很多馈赠，因此蒙蔽了他们的眼睛，让他们哪怕拥有很多也依然郁郁寡欢，根本不能真正珍惜所拥有的一切，感知拥有的幸福与快乐。

灵活机智，才能摆脱固执

大多数人都在褒赞坚持，而鄙视放弃，甚至觉得唯有坚持的人才是人生的强者，才拥有坚强不屈的内心，也才能真正走向成功。然而，一味地坚持并非是好事，实际上，对于人生的态度既不是纯粹地坚持，也不是轻易放弃，唯有不断地选择，根据人生的情形和实际情况做出及时调整，才能帮助自己摆脱困境，也让人生进入柳暗花明又一村的豁然开阔境地。

如果一个人不区分任何情况就盲目坚持，从来不懂得根据事情的实际情况进行变通和调整，那么最终他们的坚持就会变成固执，也会导致他们的人生陷入窘境。坚持固然好，但是要讲究条件和策略。如果一个人始终盲目坚持，不懂得变通，那么坚持非但不会给人生带来好处，还会让人生陷入困境，也让人生因为固执而付出惨重的代价。

很久以前，有个小村庄靠着高山，地势很低，所以一旦到了洪水泛滥的时候，小村庄里很容易发洪水。这不，夏季到来了，小村庄里又开始洪水泛滥， 而且这一次的洪水尤其凶猛，很长时间也没有退去，反而因为又开始下雨，再次变得肆虐起来。村子里的人意识到危险，都开始主动撤退，没过多久，政府派出的救生艇也赶到了。

教堂里，传教士正跪在耶稣的神像前祈祷，似乎对于洪水的到来毫不畏惧。没过多久，救生艇来到传教士身边，救生员要求传教士一定马上上救生艇，因为洪水还在继续保持上涨的趋势。对此，传教士不以为然，他说：“你们走吧，仁慈的上帝会来救我的，他一定不会抛下我。”救生员劝说无果，只好离开。没过多久，几个警察又开着快艇来了，这时，洪水已经升高了很多。然而，面对警察的热心施救，传教士依然不为所动，说：“你们离开吧，上帝不会丢下我的。”警察做了一番工作，传教士还是不愿意离开，警察只好走了。

眼看着洪水汹涌地冲上来，传教士还是坚定不移地跪在那里。他环顾四周，发现周围都是白茫茫的水，暗暗想道：上帝会来救我的。这时，天空中传来飞机的轰鸣声，飞机上扔下来一根救援专用的绳梯，不想传教士还是拒绝离开。飞行员用喇叭喊道："这是你最后的求生机会了，赶紧走吧……"可想而知，洪水无情，没过多久，传教士就被洪水淹没了。

来到天堂，传教士当即抱怨上帝："上帝啊，我日日夜夜为你祈祷，你为何不愿意向我伸出援手呢？"上帝感到很无奈，苦笑着说："我先是派了救生艇，后又派了快艇，最后还派了直升机，他们都是去救你的，但是你死活也不愿意接受，这到底是为什么呢？我还以为你不想活了，只想尽快来到天堂呢！"

可怜的传教士，因为不懂得变通，思想固执，行为僵化，最终被洪水白白夺走了生命。假如他能够变通一下，不固执，早早离开了恶劣的生存环境，也不至于失去性命，见到了上帝。现实生活中，很多人也与这个传教士一样，时常抱怨命运对于自己太薄待、太亏欠，因而在面对命运的无情捉弄时，总是怨声载道，根本不去努力和改变。

人生在世，周围的客观外界和一切的人与事，总是处于随时随地的变化之中。与其固执己见，不如从谏如流，尤其是要怀着一颗客观公正的心，在事情发生变化之际，客观评价和衡量事情。如果总是一条道走到黑，总是不知道变通，死守着某个道理，那么最终吃亏的一定是自己。

打破思维定式，人生柳暗花明

人人都知道勇于创新才有出路，然而很多人却偏偏死守着一个道理，不愿意打破陈旧性思维，而只想墨守成规，按照既定的思维路线去行进。所谓习惯成自然，体现在思维方面，就是思维定式，也是不知道变通的表现。现实生活中，很多人都墨守自己的思维方式，而从来不知道要突破和创新，也就导致在解决很多问题时陷入僵局，根本无法取得预期的收获。

那么，思维定式是从哪里来的呢？首先，在过去的岁月中，在成长的经历中，人们总是或者有意或者无意地在总结经验，尽管经验会给我们的人生带来很多的指导，但是过于相信经验，就会陷入经验主义的错误，也会导致人生思维僵化。其次，还有很多人不愿意学习，不管做什么事情都愿意遵循既有的经验，而不愿意努力改变自己的思维，帮助自己找到更好的办法解决问题，这也会直接导致思维陷入局限之中，人生也因此暗淡无光。实际上，打破思维定式并非人们想象中那么难，只要淡定从容，怀着一颗宽容的心，就能够打破思维定式，也能让人生柳暗花明。

很久以前，有一位教授在课堂上问学生们："有个聋哑人想买钉子，因而去了五金商店。那么，他该如何向售货员描述自己的需求呢？"听到教授的话，同学们议论纷纷，很快大家就达成共识，觉得聋哑人只能用手比画出拿着锤子敲打钉子的动作，才能买到想要的东西。对于这个回答，教授显然是满意的。

正当同学们因为得到了教授的认可和表扬而沾沾自喜时，教授突然话锋一转，又问：“那么，如果一个盲人想买剪刀，来到五金店里，又有什么好的办法可以用呢？”一位同学几乎不假思索地回答：“可以用两个手指比画成剪刀的样子。”说完，这位同学还做出了剪刀手的模样。其他同学也觉得这个肢体语言形象生动，是效果显著的。然而，教授却皱起眉头，似乎对于这样简单明了的手势不太满意。同学们纷纷表示疑惑，觉得答案很正确，也是最佳答案，根本没有任何问题。教授说：“作为盲人，完全可以直接告诉售货员他要买剪刀啊，为何非要像聋哑人一样比画呢！”听了教授的话，同学们哑然失笑：思维定式的力量很可怕。居然让人不知不觉间就进入思维的死角，根本没有想到盲人原来是会说话的呀！

经验丰富固然是好的，也有助于解决问题，但是如果一味地陷入经验主义之中，而不懂得变通，那么丰富的经验不但无法为解决问题提供支撑，还会导致解决问题时陷入既定的思维之中，被陈旧思维束缚，根本无法突破思维，更无法突破自我。

古人云，山重水复疑无路，柳暗花明又一村。任何情况下，我们都不要因为人生陷入困境，就彻底放弃希望和努力。所谓触底反弹，就是告诉我们越是在艰难的情况下，越是应该打开人生的局面，给予人生崭新的希望。尤其是在现实生活中解决问题时，很多人都会因为各种各样的原因而陷入困境，与其走入思维的死胡同，不如彻底放开思维，让问题迎刃而解。

拿不起放不下，人生烦恼无穷

人生中的很多事情都是需要放下的。鲁迅先生笔下的祥林嫂，刚开始遭遇厄运的时候，还有人同情她，随着说的次数越来越多，祥林嫂居然开始招人厌烦，再也没有人愿意听她重复那些话了。这是因为人的内心太麻木冷漠吗？当然也有一部分这方面的原因，然而更大的原因是，祥林嫂自己拿不起放不下，导致无法从人生的困境之中走出去，也让人生始终氤氲遮蔽，再也没有任何希望可言。

每当心情郁郁寡欢的时候，人们总是情不自禁关闭心扉，不愿意与任何人进行交流和谈话。这样一来，心情自然会更加低沉，也会因为坏情绪而让心情陷入恶性循环之中，越是闷闷不乐就越是不快乐，结果导致心情更加恶劣，也会因为极度的难过，而让心情变得难以控制。实际上，人的心就像是一个容器，如果容纳了太多的坏情绪，好情绪就会无处遁形。反之，如果能够拥有更多的好情绪，坏情绪也就会自然而然地消除。所以要想让人生充满快乐，最重要的是拿得起、放得下，从而避免人生烦恼丛生，也避免人生被坏情绪主宰。

很久以前，有个年轻人觉得内心苦闷，因而万念俱灰，只想出家了却尘缘，再也不为凡尘俗世而烦恼。为此，年轻人来到深山老林里，向高僧请教。高僧听到年轻人的讲述，知道年轻人的病根在哪里，因而拿出一个破旧的背篓给年轻人，对他说："去吧，去吧，你去后山，沿着山脊往上爬，一路上如果看到漂亮别致的石头，就捡起来放到背篓里。"起初，年轻人觉得很轻松，背着空空的背篓一路往上爬。然而，爬到半山腰的时候，他的背篓里就有了很多石头，为此他感到非常沉重，也觉得气喘吁吁。后半段路程，年轻人爬了很久，好不容易才到达山巅。

没想到，高僧已经在山巅等着年轻人了。不等年轻人喘口气，高僧就说："接下来，你要下山了，每下一个台阶，就把你认为不好的石头扔掉。"年轻人尽管舍不得自己辛辛苦苦捡来的这些石头，然而背篓实在太沉重了，他只好忍痛割爱，一边下山一边扔掉石头。到达山脚下时，年轻人浑身轻松，健步如飞。他来到寺庙里，惊讶地发现高增正坐在院子里入定。为此，年轻人安安静静地站在一边等待，良久高僧才睁开眼睛，说："你背篓里的石头已经没有了，身体也恢复了轻松，那么你心灵上的石头呢？"年轻人恍然大悟，当即对高僧磕头作揖。

高僧的问题很有意思，也让年轻人深思。的确，年轻人在下山的过程中已经把背篓里的石头全都是扔掉了，所以才会觉得浑身轻松。那么对于心灵上的石头呢，年轻人又该如何处理呢？人生是漫长而又艰难的过程，每个人在成长的过程中都会经历各种各样的事情，与其为了不堪重负而苦恼，不如选择合适的时机扔掉这些石头，这样才能让人生勇往直前。如果一味地背负着沉重的人生前行，则人生很难轻松快乐。

也许有些朋友觉得自己的内心焦虑不安，又要承受很多很大的压力，根本没有理由高兴起来。其实不然。一个人哪怕承受再多的苦难，也终将要面对人生，既然人生是无可逃避的，那么与其哭着度过每一天，不如笑着度过每一天，必须调整好心态快乐度过人生的每一天，才能让人生更有质量。记住，人生不是纯粹的加法，也不能一味地做减法。唯有调整好心态，加减适度，根据现实的情况不断地调整策略，才能做出恰到好处的应对。

拒绝有很多种方式

一个人即使能力再强，也不可能完全依靠自己的力量，解决所有问题。现实生活中，几乎每个人都有需要求助于人的时候，那么当请求的话说出口，却遭到拒绝，又会做何感受呢？被拒绝的感觉一定很糟糕，尤其是当对方拒绝的时候，把某些话说得很难听，则往往让人更加尴尬和难堪，也难以接受。实际上，非但被拒绝的滋味不好受，拒绝他人同样是一件为难的事情。在人际交往中，我们既不要当凡事都唯唯诺诺的老好人，也不要当不懂得拒绝他人的刺儿头。

从人际交往的艺术角度来看，拒绝是一门不折不扣的艺术。古今中外，很多伟大的人物都深谙拒绝之道，他们既热情地帮助他人，又很清楚自己不可能对他人有求必应，而要想处理好人际关系，就必须懂得如何拒绝，才能最大限度地维护自己的利益，尊重自己内心的选择，也给足他人面子，不伤害他人的颜面。

迪斯累利是英国的首相，因而有很多官员都会请求迪斯累利为他们办事情。有个年轻军官特别有野心，不甘心现在的职位，而是几次三番请求迪斯累利提拔他，加封他为男爵。对此，迪斯累利当然心知肚明这个军官虽然是个不可多得的人才，但是距离被封为男爵还远着呢，所以迪斯累利思忖再三，还是决定拒绝军官的请求。

有一天，迪斯累利把军官请到自己的办公室里，对军官说："很遗憾，我亲爱的朋友，我无法给你梦寐以求的男爵封号，不过我有比男爵封号更好的礼物要送给你。"军官感到很纳闷，不知道还有什么礼物居然比男爵的封号更珍贵。迪斯累利小声对军官说："我会告诉所有人你淡泊名利，拒绝了我要封你为男爵的好意。"果不其然，这个消息传到军营里，全体将士都为这位军官的高尚情操而折服，全都非常尊重这位军官。后来，在迪斯累利的重用下，这位军官发展非常好，成为军队里屈指可数的优秀军官。

如何才能不得罪人地拒绝他人呢？拒绝的方式有很多种，尤其不要态度生硬或者趾高气扬。要知道，今天需要你帮忙的人，也许明天就会成为你最好的合作伙伴，甚至你还要有求于他呢！所以，不管是能力不足也好，还是不想帮忙也罢，在拒绝他人时都要讲究方式方法，才能委婉拒绝他人，也保持与他人之间的友好关系。

不可否认，拒绝的方式如果不当，很容易损伤我们与他人之间的关系。拒绝他人时一定要注意，首先要态度温婉，而不要觉得对方有求于自己，就对对方颐指气使。其次，拒绝他人一定要对事不对人，哪怕你真的不喜欢这个求助自己的人，也不要让对方觉察到你是因为厌恶他才拒绝帮助他的。再次，拒绝要把握时机，哪怕一个人被拒绝，也依然想维护自己的尊严和颜面，毫无疑问，伤害他人的事情绝对不要做。最后，拒绝他人的时候要措辞严谨，表情达意准确到位，而不要说含糊其词、模棱两可的话，否则就会因为语言含糊导致他人产生误解，也会因为说话犹豫而失去他人的信任。

沟通是人际相处的桥梁，不管什么情况下，我们与他人交流时都要秉承尊重他人，真诚与平等对待他人的原则。哪怕他人是来求助我们的，我们也不能高高在上、自高自大，否则，一旦伤害了他人的自尊心，我们就会失去一个朋友，甚至还会因此而树立一个敌人。由此可见，拒绝他人说大不大，说小不小，在人际相处的过程中，每个人都要慎重处理好这件事情，才能让与他人的交往发展顺利，和谐融洽。

第 12 章

多坚持多尝试，成功就在下一次

人生很多时候就像是一场困局，处于无法打破的局面。每当这时，一味地抱怨没有任何用处，唯有多坚持和多尝试，尤其是在失败面前绝不气馁，才能为自己争取到更多的机会，也尽量在下一次就与成功不期而遇。

成功，就是比失败多尝试一次

没有人在人生之中能够始终顺遂如意，常常会遭遇各种各样的磨难，也会因为人生的困厄而忍不住想要自我放逐。常言道，人生不如意十之八九，这就要求每个人端正心态，意识到成功从来不是天上掉馅饼，更不是一蹴而就就能获得的。

史泰龙出生在美国纽约的一个贫民区，因为出生的时候难产，被助产钳伤害了左脸颊的肌肉，导致左脸下垂，说话也口齿不清，含糊其词。史泰龙的父亲是个不折不扣的酒鬼和赌徒，清醒的时候就去赌钱，喝醉的时候就回到家里打骂妻子。史泰龙的母亲长期遭受家暴，心理也扭曲变态，每当受到丈夫的折磨，也时常喝醉，并且在喝醉之后打骂史泰龙。在这样恶劣的环境中，史泰龙渐渐长大。他看不到人生的希望，最终想到当演员是成本最小的，因而就立志成为电影明星。当时，身边的人都不理解史泰龙，觉得史泰龙甚至连件像样的衣服都没有，怎么可能走上演艺道路呢！

为了距离梦想更近，史泰龙来到好莱坞推销自己。然而，不管他怎么苦苦哀求，都没有导演愿意给他机会尝试。为此，史泰龙曾经怀疑过自己，也曾经动摇过，想要放弃梦想。然而，痛定思痛，他还是选择继续坚持下去。为了当演员，史泰龙甚至写了一个剧本，每天都拿着剧本在好莱坞里四处碰壁。一次又一次，他承受着失望和绝望的打击，终于，在被拒绝了一千多次之后，一位拒绝了史泰龙十几次的导演终于答应给史泰龙一个机会尝试一下。尽管报酬很低，但是史泰龙对这个机会非常珍惜，也全力以赴。这部电影上映后大获成功，史泰龙也由此一举成名。这部电影就是《洛奇》。

没有人可以只努力一次就获得成功，哪怕他得到了命运的眷顾，也依然需要经受挫折和磨难，这样才会在人生之中有截然不同的感触和体验。如今，很多人恨不得一步登天，甚至抱怨自己不是富二代，不得不说这样的想法是非常可怕的。对于一个人而言，必须更加努力才能改变命运，越是处境艰难越是要不懈努力，如果轻易放弃，很多事情就会如同流水般一泻千里，再也无法真正改变。

人生没有回头路可走，每个人要想走好人生之路，就要更加坚定不移，也绝不要轻易放弃。有的时候，成功就在转角处，所以人们才会说山重水复疑无路，柳暗花明又一村。很多朋友喜欢看好莱坞大片，就会知道影片的主人公都是铮铮铁骨的硬汉子，他们哪怕吃了很多苦，历经磨难，也绝不轻易放弃努力，直到生命的最后一刻胜利到来。记住，所谓成功，就是比失败更多尝试一些。唯有怀着这样的心态，每个人才有资格无限接近成功，也才能真正获得成功。

越努力，越幸运

一个人如果不努力，还有什么资格奢求命运眷顾自己，给予自己善待呢？曾经，一句网红语言刷遍网络，那就是“越努力，越幸运”，简简单单六个字，让努力成为每个人的座右铭，也让幸运成为每个人最骄傲和自豪的标签。这是因为努力与幸运之间有着密不可分的关系，一个人无法奢求天上掉馅饼，却可以严格要求自己通过努力改变命运、主宰人生。

细心的人会发现，很多成功者都是非常幸运的。尽管他们也曾经饱经磨难，在人生中的很多境遇中都举步维艰，但是他们始终努力，也最终得到命运善待。对于命运，他们没有过高的奢望，只想凭着努力得到回报，也希望靠着努力让自己变得幸运。

有一对孪生兄弟出生在南非的一个偏僻小村庄里。他们的父母都是奴隶，所以他们从一出生就是奴隶。对于这样的命运，兄弟俩起初并没有觉得异常，因为他们沿袭了父辈的生活。然而，长大之后在一起生活了没多久，他们就被分别卖到不同的地方。哥哥似乎更幸运，被卖到了旧金山，而弟弟则被卖到生存环境很恶劣的菲律宾。

机缘巧合，整整40年后，哥哥和弟弟再次重逢，他们再也不是曾经被悲惨地分开卖掉的孩子了。哥哥是退休的工程师，还有一点家产，弟弟则是大名鼎鼎的银行家，举世闻名。对于这兄弟两人的遭遇，很多人都觉得奇怪，因为哥哥被卖到旧金山，按理说更有机会出人头地，为何只是一名普通的工程师，而弟弟被卖到条件艰苦的菲律宾，却能彻底改变命运，拥有与众不同的人生呢？原来，弟弟始终心怀梦想，也坚信自己能够通过努力改变命运，也让自己不断上进，最终到达人生巅峰。而哥哥对于人生没有很好的规划，觉得自己就是一个普通的黑人奴隶，只能做力所能及的事情。后来，哥哥遇到一个很好的主人，才有机会接受教育，也才能拥有安稳体面的生活。

很多人在遇到为难的事情时，都会把原因归咎于命运，实际上，命运真的是一个很好的借口，因为对于每个人而言，一切的解释都可以归结于命运。然而，一个人可以相信命运，却不能完全迷信命运，要让命运在生命的历程中发挥积极的作用，而不要被命运牵绊，更不要因为命运反复无常，就导致人生也迷惘。

很多人都羡慕他人拥有好命运，却不知道他人的好命运并不是凭空得来的。每个人必须非常努力，也要坚持上进，才能一步一步地改变命运，也才能在通往人生的路上真正做到拼尽全力，绝不敢有片刻的懈怠和放松。

经过痛苦淬炼，人生更坚实丰富

有谁的人生从一开始就是泡在蜜罐中的呢？当然没有。所谓人生不如意十之八九，不但指的是人生之中总是会出现各种各样的不如意，也告诉人们大多数人对生活都不是那么满意的。即便如此，日子也总要继续下去，人生也必须在经历痛苦的淬炼之后，才能变得更加丰富坚实。

尤其是当处于巨大的痛苦之中时，人们无处逃避，只能勇敢面对，只能默默承受失去的痛苦和被磨砺的艰难。对于命运，很多人都扬言要对抗，实际上很多时候只有顺从命运的安排，才能避免受到残酷的伤害。人生如同逆水行舟，不进则退，每个人都要不断地激励自己，让自己蜕变，也让自己绝不放弃，才能破茧成蝶，实现人生的改头换面。而顺遂如意的生活总是使人感到轻飘飘的，尤其是对于孩子而言，如果从小已经习惯了无忧无虑的生活，那么哪怕遭遇小小的挫折就会马上觉得无法承受，也会因此而在面对命运时陷入被动的局面，无法自拔。从这个角度来说，真正的人生强者，一定能够经历痛苦淬炼，也要能够浴火丛生。

作为一对画家夫妇，南希和丈夫尤里都很擅长作画，不过因为他们的画作风格截然不同，所以他们尽管时常进行关于艺术的探讨，但是更多的时间里都是各自留在自己的工作室中，默默地创作，也彼此守望和支持。不得不说，南希和尤里是非常恩爱的夫妻，他们志同道合，也相互理解，彼此默契。

遗憾的是，没过多久，尤里就身患绝症。在与病魔顽强斗争了几年之后，尤里撒手人寰，因为没有孩子，南希只能独自看着尤里被焚烧，化为灰烬，那一刻她觉得自己的心都要碎了。看着空荡荡的家，她孤独地站在窗前，在此后的很长一段时间里，她被深刻的孤独打倒，终日以泪洗面，根本不知道如何才能熬过去。也许是受到心情的影响，南希的身体状况也越来越差，她在绘画方面处于停滞的状态，根本没有任何兴趣和灵感可言。直到有一天，南希看着镜子里的自己，看着自己苍老憔悴的容颜，突然意识到不能就这样眼睁睁地看着生命悄然流逝。为此，她改变了生活的方式，努力打起精神来应对生活，渐渐地，她终于又能够拿起画笔。南希的画风有了很大的改变，从清新淡雅转变为深邃的风格，很多人从南希的画作中看出了她对于生命的思索。

如果不是丈夫离开人世，南希也许依然保持着清新的画风，在画作中表现生命的美好与纯真自然。然而，丈夫离开人世之后，南希悲痛欲绝，整整用了几年的时间才走出悲痛，也才让自己内心的伤痛渐渐愈合。对于南希而言，这就像是凤凰涅槃，浴火重生，从此之后她的整个人生都不一样了。

人，总是需要痛苦的淬炼，才能变得更加坚强和坚韧。人生又何尝不是一个锻器的过程，只有不断地焚烧、熔化、塑性，再淬炼，生命才会渐渐成型。始终浸泡在蜜罐里的人生就像温室里的花朵，根本禁不起任何风吹雨打，唯有像野草一样在室外饱经磨难，才能变得顽强不屈、坚韧不拔，也才能让人生变得开阔，拥有更多的可能性。

坚韧不拔，生命无坚不摧

曾经有记者询问一位百岁老人对于人生的感悟是什么，原本记者以为这位老人肯定会说出很多的豪言壮语，也会发表对于人生的长篇大论，结果却出乎记者的预料，因为这位老人只是轻描淡写地说“熬”。对于这个“熬”字，记者起初很难接受，因为这位百岁老人是从封建社会走过来的，经历了很多风风雨雨，在战火连天中活命，为何就这样以一个“熬”字就对人生做出总结了呢？然而仔细想想，这个“熬”字真的说出了人生的真谛，也生动形象地告诉人们如何度过人生百年。

人生就像“熬”，有大火，有小火，也有中火，还会因为一个风头打来，火就改变了。当人生被不同的火烹饪着、熬煮着，既会感到艰难，而在接受生命的苦难之后，又会采取恰到好处的态度坚持，最终让生命变得坚韧不拔，无坚不摧。当然，并非人人都能活过百岁，而不管生命到何时戛然而止，每个人都要学会熬煮人生，千万不要在人生遭遇小小的困境时就放弃，更不要在生命的关键时刻选择逃避。记住，人生从来不是儿戏，更没有彩排。每个人的人生都要在不断地积累中渐渐成长，也要在坚持中奔向辉煌。

1994年的初春，乍暖还寒，就在此时，刚刚18岁的佩里因为比赛中的意外事故，导致落地时头部着地，脖子断了。没有人想到佩里居然能活下来，可以说佩里以顽强的生命创造了医学的奇迹。因为脖子严重受伤，他在很长一段时间里既无法进食，也无法说话。半年之后他终于能发声了，佩里最着急做的事情就是与医生谈判，从而得到医生的批准，出院回家。这简直让人难以置信，因为很多和佩里伤情类似的人或者在一年半之后才能离开病床，或者一生都躺在病床上无法起身。

经过一段时间的康复，佩里考虑到自己的现实情况，当然，从事体育项目是再也不可能的，他决定向演讲方向发展，成为职业演说家。当见到佩里这个特殊学员的时候，老师被吓到了，他们不相信佩里能坚持下来，也不相信佩里能成为优秀的职业演说家。然而，佩里坚持学习，身残志坚，在参加演讲培训期间从未有过任何拖延。最终，佩里成功了。在澳大利亚历史上，他是第一位以四肢瘫痪的高度残疾成为职业演说家的第一个人。

看到佩里的事迹，很多人都会情不自禁想起桑兰。同样是在体育竞赛中出现意外，导致头部着地，颈部受伤，不同的是佩里是一位年轻的小伙子，而桑兰则是花季少女。不得不说，命运对于他们都是很残酷的，让他们在最向往自由的人生阶段里不得不被禁锢在轮椅上。即便如此，他们也没有放弃努力，所以佩里才能成为演说家，而桑兰如今也组建家庭，拥有幸福的一家三口，在事业上也发展顺利。不得不说，他们都是非常坚强的人，才能以极大的决心和毅力战胜生命中的障碍，拼尽全力到达生命的巅峰。

生命中总是会有各种各样的障碍，与其被这些障碍吓倒，不如努力地站起来，以积极的态度战胜和超越障碍，让人生拥有更大的成功。正如一首打油诗里所唱的，困难像弹簧，你强它就弱，你弱它就强。对于人生的困境，每个人只有保持坚强的态度，才能战胜困境，也才能让人生进入崭新的境界。

消除内心的障碍，人生畅通无阻

正如一位名人所说的，对于每个人而言，最大的敌人就是自己，而不是外界的任何人或者事物。人怎么会自己阻挠自己呢？当然，这里所说的意思不是指人们与自己为敌，而是指人们心中总会有很多愤愤不平，这种不平衡或者不满的感觉，会让人在生命的历程中受到阻碍。尽管这种阻碍看不到也摸不着，来自人的内心，实际上对于人生的发展却会起到很大的负面作用，产生强大的阻力。

人人都想让自己的人生一帆风顺，畅通无阻，然而很遗憾，人生从来不是一帆风顺的，更不可能没有任何障碍。要想在人生路上更顺遂如意，每个人都要积极主动消除内心的障碍，这样一来，才能拥有精神上的支撑，也才能在人生路上畅通无阻，一往无前。

很久以前，有一户人家的院子里竖着一块大石头，仅从露出来的部分看，石头的直径达到一米左右，根本就是无法移动的庞然大物。为此，石头就这样安稳地矗立着，人们从未尝试着移开石头，也渐渐地习惯了石头的存在。

后来，这户人家的儿子结婚了，新媳妇娶进门，因为初来乍到，不知道被这块石头绊倒了多少次。每次被绊倒，新媳妇都想挪走这块大石头，让院子里开阔平坦，但是都被家里人劝阻了："石头那么大，根本挪不走，不要白费力气了！"在又一次被石头绊倒之后，新媳妇忍无可忍，最终拿起锄头，拎着一桶水，来到石头旁边，想要把石头周围的土泡得松动些，把大石头挖走。新媳妇把一桶水都浇到石头周围，浸泡几分钟之后就开始挖掘泥土。原本，新媳妇准备用一天的时间把石头挖出来，运走。但是出乎预料，才挖了几分钟，石头就露出了很浅的根基。原来，这块石头只是表面看上去比较大而已，实际上埋在泥土下面的只有短短一截。

这么多年来，石头之所以屹立不倒，并不是因为石头有多么坚固，而是因为石头已经横亘在人们的心中，让人们发自内心对于石头的存在感到无计可施。而新媳妇到来之后，因为对院子里的地形不熟悉，常常被石头绊倒，为此新媳妇才不管不顾，一定要切实展开行动，挖掉这块大石头。最终，新媳妇获得了成功。当然，这不是说新媳妇的力量多么强大，而只是因为新媳妇的心中没有那块石头，所以才能真正把院子里的石头挖走。

每个人的心中对于自己都有一定的限制，就像院子里的石头横亘在人们的心中，让人们根本不敢去挖掘它一样。对于人生的现状，我们既要学会从容接受，也要尝试着积极主动去改变。记住，人生并非是生来如此，在任何情况下，我们都要更加坚定不移地相信，也要努力勇敢展开实际行动，才能超越心中的障碍，真正克服困难。

实际上，面对心中的障碍，我们完全无须紧张不安，任何情况下，只要敢于超越，能够勇敢地开展行动，一切就皆有可能。对于每个人而言，最大的敌人就是自己，唯有突破内心的藩篱，让人生更加拥有力量，坚定不移勇往直前，才能让人生进入崭新的境界，也才能让人生获得更好的发展。

参考文献

[1]袁和平.每天进步一点点[M].上海：上海科学技术文献出版社，2010.

[2]张国新.每天进步一点点[M].北京：线装书局，2015.

[3]孙溪岩.再苦也要笑一笑[M].北京：中国华侨出版社，2013.